Khaled Hassan

Alterações climáticas e segurança alimentar mundial

Khaled Hassan

Alterações climáticas e segurança alimentar mundial

ScienciaScripts

Imprint

Cover image: www.ingimage.com

This book is a translation from the original published under ISBN 978-620-7-99932-3.

Publisher:
Sciencia Scripts
is a trademark of
Dodo Books Indian Ocean Ltd. and OmniScriptum S.R.L publishing group

120 High Road, East Finchley, London, N2 9ED, United Kingdom
Str. Armeneasca 28/1, office 1, Chisinau MD-2012, Republic of Moldova, Europe
Printed at: see last page
ISBN: 978-620-8-05145-7

Alterações climáticas e segurança alimentar mundial

Dr. Khaled El-Sayed Hassan

Dedicação

À minha querida família e a todos os investigadores no domínio das alterações climáticas, do desenvolvimento agrícola e da segurança alimentar.

Índice

Capítulo 1: Introdução

Capítulo 1: Introdução

1.1 Prefácio:

A segurança alimentar continua a ser um desafio global crítico no século XXI. Apesar dos avanços tecnológicos significativos e do aumento da produção agrícola, milhões de pessoas em todo o mundo continuam a enfrentar a insegurança alimentar. Em 2021, o número de pessoas em situação de insegurança alimentar a nível mundial atingiu o número impressionante de 828 milhões.

Esta questão é impulsionada por vários factores, incluindo as alterações climáticas, os conflitos e as crises económicas. Por exemplo, o conflito na Ucrânia perturbou as cadeias de abastecimento de cereais e fertilizantes a nível mundial, o que provocou um aumento dos preços dos alimentos e dos combustíveis nos países em desenvolvimento. Além disso, os fenómenos relacionados com as alterações climáticas, como as secas e as inundações, agravam a insegurança alimentar.

As alterações climáticas afectam negativamente a agricultura, reduzindo a produtividade das culturas, aumentando a frequência e a gravidade das catástrofes naturais, como as secas e as inundações, deteriorando a qualidade dos solos e da água, aumentando os preços dos alimentos e contribuindo para a pobreza e a subnutrição.

Este estudo tem como objetivo avaliar o impacto das alterações climáticas na segurança e produção alimentar mundial, identificar as regiões vulneráveis e desenvolver estratégias de adaptação e atenuação.

Palavras-chave:

Alterações climáticas globais, desafios globais em matéria de segurança alimentar, impacto das alterações climáticas na agricultura e na segurança alimentar, situação atual e futura da segurança alimentar global, estratégias de adaptação e de atenuação dos efeitos das alterações climáticas.

1.2 Objectivos do estudo:

O presente estudo tem por objetivo

1. Analisar a atual situação da segurança alimentar mundial.
2. Explorar as ameaças e os desafios significativos que impedem a realização de uma segurança alimentar sustentável em diferentes regiões do mundo.
3. Apresentar recomendações e soluções inovadoras para melhorar a segurança alimentar mundial a curto e a longo prazo.

A consecução destes objectivos ajudará a desenvolver planos e políticas eficazes para garantir uma alimentação adequada e nutritiva para toda a população mundial no futuro.

1.3 Metodologia do estudo:

O presente estudo aplicou o método de revisão sistemática[1] para recolher dados e informações de estudos anteriores, trabalhos de investigação, artigos e diálogos para analisar, coordenar e apresentar de uma forma nova e diferente, servindo a consecução dos objectivos do presente estudo.

A revisão sistemática segue normalmente um protocolo pré-determinado

que inclui o problema ou questão de investigação, critérios para selecionar estudos relevantes, métodos de extração e síntese de dados e avaliação da qualidade dos estudos incluídos.

A abordagem da revisão sistemática é útil para identificar lacunas no conhecimento, resolver resultados contraditórios ou inconclusivos e orientar práticas e políticas baseadas em provas.

No entanto, o método das revisões sistemáticas tem algumas limitações, nomeadamente o facto de ser moroso, exigir conhecimentos especializados e recursos e poder estar sujeito a enviesamentos ou erros na seleção, avaliação e síntese dos estudos.

Os critérios mais importantes para a seleção de estudos e artigos de investigação para revisão sistemática neste estudo são:

- Os estudos selecionados devem incluir respostas suficientes e claras a um dos tópicos ou objectivos do presente estudo.
- Basear-se em dados e informações provenientes de fontes nacionais ou internacionais fiáveis.
- Publicação em revistas científicas, sítios Web de investigação ou jornais de renome (nacionais, regionais ou internacionais).
- Modernidade: A data de publicação destes estudos não ultrapassa os últimos 10 anos.

Capítulo 2: Definições de alterações climáticas e segurança alimentar

Capítulo 2: Definições de alterações climáticas e segurança alimentar

2.1 Alterações climáticas:

2.1.1. Definição de alterações climáticas:

As alterações climáticas são definidas como alterações a longo prazo nos padrões meteorológicos e climáticos a nível mundial. Estas alterações incluem flutuações de temperatura, precipitação e a prevalência de fenómenos meteorológicos extremos (por exemplo, inundações, secas, tempestades) ao longo de anos e décadas. [2]

2.1.2. Causas das alterações climáticas:

As alterações climáticas são causadas por uma combinação de factores naturais e humanos. As actividades humanas, especialmente desde a Revolução Industrial, desempenham um papel importante na definição das actuais tendências climáticas. As causas mais importantes das alterações climáticas globais são as seguintes: [3]

1. **Emissões de gases com efeito de estufa:** Os gases com efeito de estufa são atribuídos a vários factores relacionados com a atividade humana e natural, que levam à emissão de grandes quantidades destes gases para a atmosfera. Entre os gases mais importantes encontram-se:

- **Dióxido de carbono (CO2):** O principal contribuinte para as alterações climáticas, uma vez que as suas concentrações na atmosfera aumentaram de 280 partes por milhão para mais de 410 partes por milhão desde a Revolução Industrial até à atualidade.

- **Metano (CH_4):** Tem um forte efeito a curto prazo, e a sua concentração na atmosfera aumentou de 700 partes por bilião para 1.875 partes por bilião.

- **Óxido nitroso (N_2O):** Provém principalmente de fontes agrícolas e industriais, e as suas concentrações aumentaram de 270 partes por bilião para 332 partes por bilião.

2. **Utilização de combustíveis fósseis:**

Resultante de:

- **Queima de carvão, petróleo e gás natural:** representa cerca de 75% das emissões de dióxido de carbono resultantes das actividades humanas.

- **Produção industrial e transportes:** contribuem significativamente para as emissões de gases com efeito de estufa.

3. **Desflorestação:** Provoca a libertação do carbono armazenado nas plantas e no solo, o que

contribui para cerca de 10-15% das emissões de gases com efeito de estufa a nível mundial.

4. **A agricultura e a pecuária:** São duas das principais fontes de metano emissões. A criação de gado é responsável por cerca de 37% das emissões globais de metano.

5. **Indústrias químicas e utilização de fertilizantes:** Conduzem a emissões de óxido nitroso, que resultam principalmente de actividades agrícolas,

incluindo a utilização de fertilizantes azotados, e representam cerca de 6% do total das emissões humanas de gases com efeito de estufa.

2.1.3. Caraterísticas das alterações climáticas

As caraterísticas mais importantes das alterações climáticas podem ser observadas a seguir:[4]

1. **Temperaturas elevadas:** As temperaturas globais aumentaram a uma taxa de 0,18°C por década desde 1981.[2] O ano de 2020 foi um dos anos mais quentes de que há registo, com uma temperatura média global registada 1,2°C acima dos níveis pré-industriais.[5]

2. **Subida do nível do mar:** O nível global do mar subiu 3,7 mm por ano entre 2006 e 2018. Estima-se que o nível do mar possa subir entre 0,28 e 1,01 m até ao final do século atual.[2]

3. **Aumento da frequência e da intensidade dos fenómenos meteorológicos extremos:** O número de fenómenos meteorológicos extremos, como furacões, inundações e incêndios graves, aumentou 39% entre 2000 e 2019.[6] A intensidade e a frequência das ondas de calor aumentaram 0,5 a 1°C na maioria das regiões do mundo desde 1950.[2]

2.1.4. Impactos das alterações climáticas:

As alterações climáticas globais têm muitos impactos socioeconómicos e políticos, que podem ser resumidos da seguinte forma:[7]

Dimensão ambiental: os impactos das alterações climáticas globais nos

ecossistemas, na biodiversidade e na alteração dos padrões de precipitação e meteorológicos.

- **Dimensão económica:** impactos em sectores económicos como a agricultura, a energia e o turismo, bem como os custos de adaptação e atenuação.

- **Dimensão social:** impactos na saúde humana, segurança alimentar e hídrica, migração forçada e conflitos potenciais.

- **Dimensão política:** desafios políticos e regulamentares na abordagem das alterações climáticas para além das fronteiras nacionais.

2.2. Segurança alimentar mundial:

2.2.1. Definição de segurança alimentar mundial:

A Organização das Nações Unidas para a Alimentação e a Agricultura (FAO) define a segurança alimentar como "uma situação que existe quando todas as pessoas, em qualquer momento, têm acesso físico, social e económico a alimentos suficientes, seguros e nutritivos que satisfazem as suas necessidades dietéticas e preferências alimentares para uma vida ativa e saudável".[8] Para tal, é necessário que a produção, a distribuição e o consumo de alimentos sejam efectuados de forma a garantir a segurança alimentar a nível individual e comunitário.[2]

2.2.2. Determinantes da boa segurança global:

Os factores determinantes da segurança alimentar mundial englobam vários factores económicos, ambientais, políticos e sociais. A análise que se segue

destaca os factores determinantes mais importantes:

- **Alterações climáticas e ambientais:** As alterações climáticas, caracterizadas pelo aumento das temperaturas, variações climáticas, secas, inundações e furacões, têm um impacto significativo na produção alimentar mundial. Além disso, a degradação dos solos, a escassez de água e a perda de biodiversidade desempenham um papel vital na diminuição da produtividade agrícola.[9]

- **Crescimento da população:** O rápido crescimento da população aumenta a procura de alimentos, exercendo uma pressão adicional sobre os sistemas de produção alimentar para satisfazer as necessidades das populações em expansão.[10]

- **Condições económicas:** As circunstâncias económicas colocam desafios à consecução da segurança alimentar a nível mundial. O aumento da pobreza e das taxas de desemprego diminui o poder de compra dos indivíduos e das famílias, restringindo assim a sua capacidade de aceder a alimentos suficientes e nutritivos[11] . As flutuações económicas, como as crises económicas mundiais, a inflação e as flutuações dos preços dos alimentos, influenciam a estabilidade alimentar e a consecução da segurança alimentar.[12] , [13]

- **Conflitos e instabilidade:** As guerras e os conflitos armados perturbam a produção agrícola, danificam as infra-estruturas e deslocam as populações, afectando negativamente a disponibilidade de alimentos.[14] A instabilidade política também contribui para a fragilidade dos sistemas de governação e impede a aplicação de políticas de segurança alimentar eficazes.[15]

- **Políticas agrícolas e comerciais:** Políticas agrícolas ineficazes ou insustentáveis podem impedir a produtividade e restringir a disponibilidade de alimentos. As políticas comerciais, que incluem barreiras comerciais, restrições aduaneiras, subsídios agrícolas e outros mecanismos comerciais, influenciam o comércio e os fluxos alimentares internacionais, influenciando assim a disponibilidade e os preços dos alimentos.[16,17]

- **Tecnologia e inovação:** A tecnologia agrícola e as técnicas agrícolas modernas têm potencial para aumentar a produtividade agrícola e minimizar as perdas.[18] No entanto, o fosso tecnológico entre os países desenvolvidos e os países em desenvolvimento pode conduzir a disparidades na segurança alimentar.[19]

- **Investigação e desenvolvimento:** O investimento em investigação e desenvolvimento para melhorar as culturas e as técnicas agrícolas sustentáveis pode desempenhar um papel vital no reforço da segurança alimentar.[20]

- **Hábitos alimentares e de saúde:** A alteração dos padrões alimentares, a mudança para hábitos alimentares pouco saudáveis e a preferência por alimentos rápidos e transformados podem afetar a segurança alimentar e a saúde pública.[21] A falta de sensibilização para uma nutrição saudável também afecta a utilização e o consumo efectivos dos alimentos, conduzindo a problemas de subnutrição e obesidade.[22]

- **Sustentabilidade e sistemas alimentares:** Os sistemas agrícolas sustentáveis e a adoção de práticas agrícolas sustentáveis podem conservar os recursos naturais e garantir a disponibilidade de alimentos a

longo prazo. Um regime alimentar sustentável é essencial para apoiar a segurança alimentar. A segurança alimentar é a base de sistemas alimentares e padrões de consumo sustentáveis. Para garantir sistemas alimentares mais sustentáveis e alcançar a segurança alimentar e nutricional, é necessário efetuar mudanças tanto no consumo como na produção de alimentos.[23]

2.2.3. Factores que afectam a segurança alimentar mundial:

Os principais factores que afectam o estado da segurança alimentar mundial são:

- **Fome generalizada:** De acordo com a Organização das Nações Unidas para a Alimentação e a Agricultura (FAO), quase 690 milhões de pessoas estavam subnutridas em 2019, um número que provavelmente aumentou devido à pandemia da COVID-19. O Programa Alimentar Mundial alertou para o facto de a fome aguda poder duplicar devido ao impacto económico da pandemia.[24] O número de subnutridos aumentou para 828 milhões de pessoas em 2021. O número de pessoas em situação de insegurança alimentar grave aumentou para 153 milhões em 2021, um aumento de 19 milhões em relação a 2020.[2]

- **Malnutrição:** A subnutrição é um problema significativo que afecta dois mil milhões de pessoas, conduzindo à subnutrição (atraso no crescimento, emaciação e deficiências de micronutrientes) e à sobrenutrição (obesidade e doenças relacionadas). As carências de micronutrientes são também prevalecentes, conhecidas como "fome oculta". A proporção da população mundial que enfrenta a fome crónica em 2022 era de cerca de 9,2 por cento, em comparação com 7,9 por cento em 2019, e prevê-se que quase

600 milhões de pessoas estarão cronicamente subnutridas em 2030.[25]

- **Produção alimentar e cadeias de abastecimento:** A produção mundial de alimentos é suficiente para alimentar o mundo, mas os problemas de distribuição, o desperdício alimentar e as barreiras económicas dificultam o acesso. As alterações climáticas, os conflitos e a instabilidade económica perturbam as cadeias de abastecimento alimentar e afectam a disponibilidade.[26]

- **Alterações climáticas:** As alterações climáticas estão a afetar a segurança alimentar através de fenómenos meteorológicos extremos, padrões de precipitação alterados e temperaturas mais elevadas, conduzindo a uma redução do rendimento das colheitas, a problemas de saúde dos animais e a alterações nas populações de peixes. As regiões vulneráveis são particularmente afectadas.[27] ,[28]

- **Desigualdade económica:** As disparidades económicas contribuem para a insegurança alimentar, uma vez que as famílias com baixos rendimentos gastam uma parte maior do seu rendimento em alimentos e são mais susceptíveis às variações de preços. As crises económicas, como a pandemia da COVID-19, agravam estas vulnerabilidades.[29] ,[30]

- **Conflitos e deslocações:** Os conflitos são uma das principais causas da insegurança alimentar, uma vez que perturbam a agricultura, deslocam populações e dificultam a prestação de ajuda humanitária. Países como o Iémen, o Sudão do Sul e a Síria estão a atravessar graves crises alimentares devido aos conflitos em curso.[31] ,[32]

- **Desperdício alimentar:** O desperdício alimentar é um problema global

significativo, com cerca de um terço de todos os alimentos produzidos para consumo humano a serem perdidos ou desperdiçados, totalizando cerca de 1,3 mil milhões de toneladas por ano. A resolução deste problema é essencial para melhorar a segurança alimentar mundial.[33] ,[34]

- **Práticas agrícolas:** As práticas agrícolas sustentáveis são cruciais para garantir a segurança alimentar a longo prazo. Desafios como a degradação dos solos, a escassez de água e a utilização excessiva de produtos químicos ameaçam a sustentabilidade dos actuais métodos agrícolas.[35] ,[36]

- **Cooperação internacional:** A cooperação internacional é essencial para abordar a segurança alimentar global. São necessários esforços de organizações internacionais, governos, ONG e do sector privado. Iniciativas como o Objetivo de Desenvolvimento Sustentável 2 da ONU visam eliminar a fome e promover a agricultura sustentável até 2030.[37]

Embora se tenham registado progressos notáveis na redução da fome e no reforço da segurança alimentar em determinadas áreas, persistem numerosos obstáculos. Para fazer face a estes desafios, é necessária uma estratégia global que inclua o aumento da produtividade agrícola, a promoção de uma distribuição equitativa, a minimização do desperdício alimentar e a promoção da resistência às perturbações económicas e ambientais.

2.2.4. Estado da segurança alimentar mundial:

2.2.4.1. O estado atual da segurança alimentar mundial:

O estado da segurança alimentar mundial é complexo e varia

significativamente de região para região no mapa global. A avaliação global da segurança alimentar revela o seguinte:[38]

A pandemia de COVID-19 teve um impacto grave nas vidas e nos meios de subsistência, causando uma recessão económica mundial e pondo termo a três décadas de progressos na redução da pobreza. Este facto aumentou o número de pessoas que enfrentam a fome em cerca de 90 milhões, em apenas um ano (de 2019 a 2020).[2,38]

Em 2021, verificou-se uma recuperação parcial das contrações induzidas pela pandemia. No entanto, a recuperação foi lenta nos países de baixo rendimento e de rendimento médio-baixo. Muitas populações vulneráveis ainda estão a lutar para recuperar das perdas de rendimento sofridas durante o pico da pandemia, o que resultou em mais 38 milhões de pessoas a sofrer de fome em 2021.[8,38]

No início de 2022, quando o controlo da pandemia começou a diminuir, eclodiu a guerra na Ucrânia, que envolveu dois dos principais produtores agrícolas. Este conflito provocou ondas de choque nos mercados dos produtos de base e da energia, prejudicando os esforços de recuperação e aumentando a incerteza.

O aumento dos preços dos produtos alimentares, dos factores de produção agrícola e dos custos da energia reduziu as esperanças de recuperação económica após a pandemia e as expectativas de redução da pobreza e da fome.[38]

A diminuição global das taxas de fome de 2021 para 2022 esconde variações significativas a nível regional e sub-regional. Embora tenham sido feitos progressos na redução da fome na Ásia e na América Latina, a fome está a

aumentar na Ásia Ocidental, nas Caraíbas e em todas as sub-regiões de África.[39]

A prevalência da malnutrição em África aumentou de 19,4% em 2021 para 19,7% em 2022, principalmente devido a um aumento da malnutrição no Norte e no Sul de África. O número de pessoas que passam fome em África aumentou em 11 milhões desde 2021 e em mais de 57 milhões desde o início da pandemia.[40]

Na Ásia, a prevalência da malnutrição diminuiu de 8,8 % em 2021 para 8,5 % em 2022, o que representa um declínio de mais de 12 milhões de pessoas, predominantemente no Sul

Ásia. No entanto, este número continua a ser 58 milhões superior aos níveis pré-pandémicos. Foram observados progressos em todas as sub-regiões, exceto na Ásia Ocidental, onde a prevalência da malnutrição aumentou de 10,2% em 2021 para 10,8% em 2022.[40]

A América Latina e as Caraíbas também testemunharam uma mudança, com a prevalência da desnutrição a cair de 7,0% em 2021 para 6,5% em 2022, reduzindo o número de pessoas que enfrentam a fome em 2,4 milhões, mas ainda mais 7,2 milhões do que em 2019. A taxa de desnutrição da região das Caraíbas aumentou de 14,7% em 2021 para 16,3% em 2022.[2] ,[40]

Em comparação com outras regiões, a proporção de população que passa fome em África é significativamente mais elevada - quase 20% contra 8,5% na Ásia, 6,5% na América Latina e nas Caraíbas e 7,0% na Oceânia.

As regiões do mundo podem ser divididas em três níveis principais, com base no grau de segurança alimentar dos seus cidadãos, como se segue:

1. **Regiões com elevada segurança alimentar:** Trata-se de regiões onde mais de 80% da população goza de segurança alimentar. Estas incluem:

- **Europa:** Cerca de 88% da população goza de segurança alimentar.

- **América do Norte:** Cerca de 93% da população tem segurança alimentar.

- **Austrália e Nova Zelândia:** Cerca de 94% da população tem segurança alimentar.

Quadro (2.1) Prevalência de subnutridos por regiões, 2005-2022.

	2005	2010	2015	2016	2017	2018	2019	2020*	2021*	2022*
WORLD	**793.4**	**597.8**	**588.9**	**586.4**	**571.8**	**586.8**	**612.8**	**701.4**	**738.9**	**735.1**
AFRICA	**178.2**	**159.2**	**189.6**	**204.1**	**207.9**	**215.6**	**225.1**	**254.7**	**270.6**	**281.6**
Northern Africa	11.7	9.8	12.3	13.4	14.4	14.6	14.4	15.1	17.6	19.5
Sub-Saharan Africa	166.5	149.5	177.3	190.7	193.5	201.0	210.6	239.6	253.0	262.0
Eastern Africa	94.2	81.5	96.8	106.1	108.6	110.8	116.9	126.4	131.2	134.6
Middle Africa	36.3	30.1	36.7	40.1	39.8	42.3	44.4	51.0	54.2	57.0
Southern Africa	2.8	4.2	5.9	5.3	5.1	5.1	5.5	6.4	6.8	7.6
Western Africa	33.2	33.6	37.9	39.2	40.1	42.9	43.8	55.8	60.8	62.8
ASIA	**551.9**	**392.8**	**357.8**	**336.0**	**319.3**	**325.2**	**343.9**	**396.2**	**414.1**	**401.6**
Central Asia	8.2	4.2	2.8	2.6	2.5	2.2	2.0	2.5	2.4	2.3
Eastern Asia	104.2	n.r.	n.r.	n.r.	n.r.	n.r.	n.r.	n.r.	n.r.	n.r.
South-eastern Asia	97.6	66.7	47.9	41.6	37.4	36.5	35.0	35.2	36.0	34.1
Southern Asia	325.4	267.9	260.3	242.8	232.2	236.2	258.6	307.7	326.0	313.6
Western Asia	16.6	15.4	24.1	27.0	27.0	28.7	29.1	30.0	29.6	31.6
Western Asia and Northern Africa	*28.3*	*25.2*	*36.3*	*40.4*	*41.3*	*43.3*	*43.6*	*45.1*	*47.2*	*51.2*
LATIN AMERICA AND THE CARIBBEAN	**51.9**	**36.7**	**32.9**	**38.2**	**36.6**	**37.9**	**36.0**	**42.3**	**45.6**	**43.2**
Caribbean	7.4	6.1	5.6	5.8	5.7	6.1	6.2	6.7	6.5	7.2
Latin America	44.6	30.6	27.3	32.4	30.9	31.8	29.8	35.6	39.1	36.0
Central America	11.7	10.6	11.2	10.5	10.4	10.5	9.0	8.5	8.9	9.1
South America	32.8	20.0	16.1	21.9	20.5	21.3	20.8	27.1	30.3	26.8
OCEANIA	**2.3**	**2.4**	**2.5**	**2.5**	**2.5**	**2.7**	**2.8**	**2.7**	**2.9**	**3.2**
NORTHERN AMERICA AND EUROPE	**n.r.**	**n.r.**	**n.r.**	**n.r.**	**n.r.**	**n.r.**	**n.r.**	**n.r.**	**n.r.**	**n.r.**

Fonte:[2]

Figura (2.1) Distribuição global dos subnutridos por regiões, 2022.

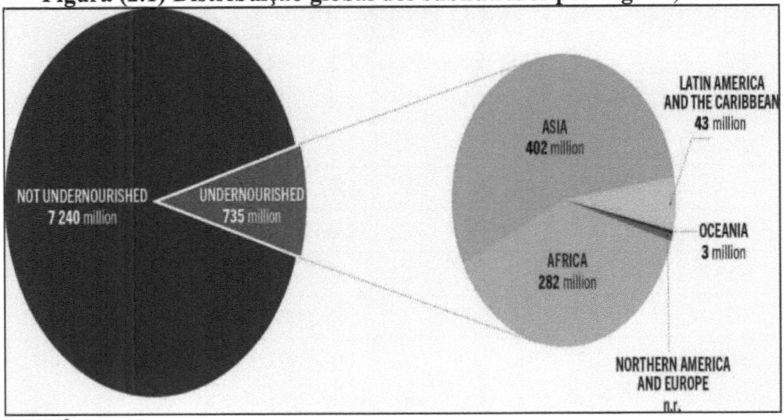

Fonte:[2]

2. Regiões com segurança alimentar moderada: São regiões onde 60-80% da população goza de segurança alimentar. Estas incluem:

- **América Latina e Caraíbas:** Cerca de 77% da população tem segurança alimentar.

- **Ásia:** Cerca de 78% da população tem segurança alimentar.

3. Zonas com baixa segurança alimentar: Trata-se de regiões onde menos de 60% da população goza de segurança alimentar. Estas incluem:

- **África:** Cerca de 59% da população tem segurança alimentar.[2]

2.2.4.2. O estado futuro da segurança alimentar mundial.

Estima-se que quase 600 milhões de pessoas sofrerão de subnutrição crónica, o que sublinha o desafio de alcançar o Objetivo de Desenvolvimento Sustentável de erradicar a fome até 2030. Isto representa um aumento de

aproximadamente 119 milhões em comparação com um cenário sem a guerra na Ucrânia. Prevêem-se progressos na Ásia, enquanto se espera uma estagnação na América Latina e nas Caraíbas. Prevê-se que a fome aumente significativamente em África até 2030.[38]

Capítulo 3: Impacto das alterações climáticas na segurança alimentar mundial

Capítulo 3: Impacto das alterações climáticas na segurança alimentar mundial

Este capítulo apresenta os resultados de uma revisão sistemática realizada para recolher, analisar e resumir os resultados de mais de 140 estudos internacionais publicados na última década sobre o impacto dos factores das alterações climáticas na segurança alimentar global. Os resultados mostraram o seguinte:

3.1 Impacto do aumento da temperatura na segurança alimentar mundial:

O aumento das temperaturas tem um efeito profundo na segurança alimentar mundial, constituindo um desafio complexo e urgente. Uma vasta investigação e relatórios sublinham que as temperaturas mais elevadas têm efeitos prejudiciais sobre as colheitas e a pecuária, pondo em risco a segurança alimentar em todo o mundo. Os principais aspectos deste impacto incluem:

- **Impacto na produtividade das culturas:** As temperaturas elevadas podem reduzir o rendimento das principais culturas, como o trigo, o arroz e o milho, o que pode impedir a capacidade de satisfazer as necessidades alimentares do mundo.[1], [41]

- **Escassez de água:** O aumento das temperaturas pode alterar os padrões de precipitação, conduzindo a uma diminuição da disponibilidade de água para irrigação agrícola. Esta situação pode agravar a escassez de água e constituir uma ameaça para a produção alimentar.[42]

- **Alterações nas regiões agrícolas:** Algumas regiões poderão ter de alterar as suas práticas de cultivo devido ao aumento das temperaturas, o que

poderá perturbar o equilíbrio do abastecimento alimentar global e aumentar o risco de escassez de alimentos.[43]

- **Impacto na produção animal:** O aumento das temperaturas pode também afetar a produção animal. A redução da produção de carne, de lacticínios e de marisco aumenta a pressão sobre a segurança alimentar.[44]

- **Vulnerabilidade das comunidades marginalizadas:** O aumento das temperaturas afecta desproporcionadamente as populações vulneráveis, em especial as comunidades com baixos rendimentos que dependem da produção agrícola para a segurança alimentar.[45]

A resposta aos desafios colocados pelo aumento das temperaturas na segurança alimentar exige estratégias abrangentes e esforços de colaboração para atenuar os impactos e garantir uma produção alimentar sustentável para todos.

3.2 Impacto da alteração dos padrões de precipitação e de seca na segurança alimentar mundial:

A análise do impacto da alteração dos padrões de precipitação e de seca na segurança alimentar exige um exame minucioso de múltiplos factores, abrangendo a produtividade agrícola, a disponibilidade de água e a dinâmica socioeconómica.

- **Diminuição da produtividade agrícola:** A alteração dos padrões de precipitação, caracterizada por precipitações irregulares e secas prolongadas, pode diminuir significativamente a produtividade agrícola, resultando em rendimentos reduzidos de culturas básicas como o trigo, o arroz e o milho, contribuindo assim para a insegurança alimentar.[46]

- **Stress e escassez de água:** As secas e a precipitação irregular agravam o stress e a escassez de água, afectando a agricultura de sequeiro e de regadio.[47]

- **Quebra de colheitas e perturbação dos meios de subsistência:** O aumento da frequência e da gravidade das secas pode levar a quebras de colheitas, causando perdas de rendimento e perturbando os meios de subsistência das comunidades agrícolas.[48]

- **Impactos nutricionais:** A alteração dos padrões de precipitação afecta a disponibilidade e acessibilidade de diversas fontes de alimentos, influenciando a diversidade alimentar e a ingestão nutricional.[49]

- **Desigualdade social e económica:** Os grupos marginalizados, especialmente as mulheres, as crianças e as comunidades indígenas, são afectados de forma desproporcionada pela alteração dos padrões de precipitação devido às disparidades socioeconómicas.[45]

Para fazer face ao impacto da alteração dos padrões de precipitação e de seca na segurança alimentar, são necessárias abordagens integradas, incluindo uma agricultura resistente ao clima, estratégias de gestão da água, programas de proteção social e iniciativas de adaptação baseadas na comunidade.[49] Ao compreender a intrincada relação entre as alterações climáticas, a variabilidade da precipitação e a segurança alimentar, as partes interessadas podem conceber medidas eficazes de reforço da resiliência para atenuar os riscos e garantir sistemas alimentares sustentáveis.

3.3 Impacto da subida do nível do mar na segurança alimentar mundial:

A análise do impacto da subida do nível do mar na segurança alimentar mundial exige um exame exaustivo de vários factores, incluindo a produtividade agrícola, a perda de terras costeiras e a deslocação da população.

- **Fragilidade da agricultura costeira:** A subida do nível do mar representa uma ameaça significativa para as terras agrícolas costeiras de baixa altitude. Estudos indicam que uma grande parte das terras agrícolas globais está localizada em áreas propensas a inundações e susceptíveis à intrusão de água salgada devido à subida do nível do mar.[50] ,[51]

- **Salinização de terras agrícolas:** A subida do nível do mar pode levar à intrusão de água salgada nas fontes de água doce e no solo, resultando na salinização do solo. Este processo afecta negativamente o rendimento das culturas e reduz a disponibilidade de terras aráveis, especialmente nos deltas costeiros e nos estuários dos rios.[52]

- **Perda de infra-estruturas agrícolas:** As inundações costeiras e a erosão associadas à subida do nível do mar podem danificar as infra-estruturas agrícolas, tais como sistemas de irrigação, instalações de armazenamento e redes de transporte.[53] .

- **Deslocação de comunidades agrícolas:** A subida do nível do mar pode levar à deslocação de comunidades agrícolas que vivem em zonas costeiras, perturbando os meios de subsistência e agravando a insegurança alimentar. ,[5455] A figura seguinte (Figura 2-2) ilustra as áreas e as pessoas em risco de subida do nível do mar para cada país, até 2100.

- **Efeitos na pesca e na aquicultura:** A subida do nível do mar pode afetar os sistemas de pesca e aquicultura, perturbando os ecossistemas marinhos e reduzindo a produção de produtos do mar. Este facto pode aumentar a pressão sobre a segurança alimentar global, especialmente para as populações que dependem do peixe como fonte primária de proteínas.[56]

A abordagem do impacto da subida do nível do mar na segurança alimentar exige estratégias integradas de gestão costeira, incluindo o planeamento da utilização dos solos, a proteção costeira e o reforço da resiliência das comunidades (PNUA, 2019). A incorporação de medidas de adaptação e mitigação do clima nos quadros políticos protege os sistemas agrícolas e garante uma produção alimentar sustentável.

Figura 2-2 Áreas vulneráveis e número de pessoas afectadas pela subida do nível do mar, por país, até 2100.

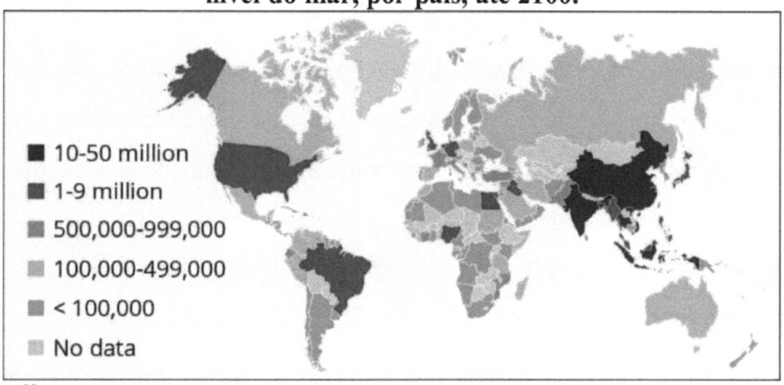

Fonte: [53]

3.4 Impacto dos fenómenos meteorológicos extremos na segurança alimentar mundial:

Os fenómenos meteorológicos extremos, como as inundações, as tempestades e as ondas de calor, têm um impacto significativo na segurança

alimentar mundial. É essencial compreender este impacto para desenvolver estratégias eficazes de adaptação e atenuação.

- **Danos nas culturas e diminuição da produtividade:** Os fenómenos meteorológicos extremos podem causar danos significativos às culturas, levando a uma redução dos rendimentos e à escassez de alimentos. Por exemplo, as inundações podem inundar os campos agrícolas, enquanto as tempestades e as vagas de calor podem destruir as culturas e interromper os períodos de crescimento.[57]

- **Perturbação das cadeias de abastecimento alimentar:** Os fenómenos meteorológicos extremos podem perturbar as redes de transporte e as infra-estruturas, provocando atrasos na distribuição dos alimentos e um aumento dos seus preços.[58]

- **Escassez de água e desafios da irrigação:** As vagas de calor e as secas prolongadas agravam a escassez de água, afectando a agricultura de sequeiro e de regadio. Esta situação pode conduzir a uma diminuição da produtividade das culturas e a uma maior concorrência pelos recursos hídricos, especialmente nas regiões afectadas pelo stress hídrico.[59] Apenas 0,5% da água existente na Terra é doce, disponível e utilizável. As alterações climáticas e, em especial, os fenómenos meteorológicos extremos afectam gravemente este abastecimento. Nos últimos 20 anos, as reservas terrestres de água - incluindo a humidade do solo, a neve e o gelo - diminuíram a um ritmo de 1 cm por ano, com implicações importantes para a segurança da água.[60]

- **Perdas de gado e insegurança alimentar:** Os fenómenos meteorológicos extremos colocam em risco a saúde e a produtividade do gado, afectando a produção de carne e de lacticínios.[61]

- **Impactos sociais e económicos:** As populações vulneráveis, incluindo os pequenos agricultores e as comunidades marginalizadas, suportam o peso dos fenómenos meteorológicos extremos, agravando a insegurança alimentar e a pobreza.[62]

A resposta ao impacto dos fenómenos meteorológicos extremos na segurança alimentar mundial exige uma ação coordenada a nível local, nacional e internacional. Ao investir numa agricultura resistente ao clima, em medidas de redução do risco de catástrofes e em redes de segurança social, as partes interessadas podem aumentar a resiliência do sistema alimentar e garantir que todos tenham acesso a alimentos nutritivos.

3.5 Os impactos socioeconómicos das alterações climáticas na segurança alimentar mundial:

Os impactos socioeconómicos das alterações climáticas na segurança alimentar global são multifacetados, afectando vários aspectos da produção, distribuição e acesso aos alimentos. Eis uma panorâmica destes impactos:

- **Diminuição da produtividade agrícola:** As alterações climáticas provocam mudanças nos padrões de temperatura e precipitação, que podem reduzir o rendimento das culturas e a produtividade do gado. Estudos mostram que cada aumento de 1°C na temperatura média global pode levar a uma diminuição de 5-15% no rendimento das colheitas.[63]

- **Aumento dos preços dos alimentos:** As perturbações da produção alimentar relacionadas com o clima podem levar à escassez e à volatilidade dos preços nos mercados alimentares mundiais. A investigação indica que os fenómenos meteorológicos extremos

contribuíram para o aumento dos preços dos alimentos, afectando desproporcionadamente as populações vulneráveis.[64]

- **Vulnerabilidade dos meios de subsistência rurais:** Os pequenos agricultores, especialmente os dos países em desenvolvimento, são particularmente vulneráveis aos impactos das alterações climáticas devido à sua dependência da agricultura de sequeiro e ao acesso limitado aos recursos. Os choques climáticos podem afetar os meios de subsistência rurais, agravando a pobreza e a insegurança alimentar.[65]

- **Disparidades na distribuição de alimentos:** As alterações climáticas podem exacerbar as desigualdades na distribuição e acesso aos alimentos, com as comunidades marginalizadas a enfrentarem maiores desafios na obtenção de alimentos nutritivos. As populações vulneráveis, incluindo mulheres, crianças e grupos indígenas, são desproporcionadamente afectadas pela insegurança alimentar relacionada com o clima.[66]

- **Migração e conflito:** As perturbações da segurança alimentar induzidas pelo clima podem contribuir para a deslocação das populações e para os conflitos, uma vez que as comunidades competem por recursos cada vez mais escassos. Os estudos sugerem que as alterações climáticas exacerbam as tensões sociais existentes e podem impulsionar os padrões de migração, sobretudo em regiões que já enfrentam tensões socioeconómicas.[67],[68]

A resposta aos impactos socioeconómicos das alterações climáticas na segurança alimentar mundial exige abordagens integradas que combinem estratégias de adaptação e atenuação das alterações climáticas com investimentos na agricultura sustentável, programas de proteção social e esforços de redução da

pobreza.[47] Ao dar prioridade a medidas de reforço da resiliência e ao promover a cooperação internacional, as partes interessadas podem trabalhar no sentido de garantir a segurança alimentar para todos num clima em mudança.

Capítulo 4: Estratégias de adaptação e atenuação dos efeitos das alterações climáticas na segurança alimentar.

Capítulo 4: Estratégias de adaptação e atenuação dos efeitos das alterações climáticas na segurança alimentar

4.1. Quais são as estratégias de adaptação e de atenuação?

As alterações climáticas constituem um desafio complexo, que exige estratégias sólidas de adaptação e atenuação. A adaptação implica o ajustamento de sistemas e práticas para minimizar os efeitos adversos das alterações climáticas, como a subida do nível do mar e a maior frequência de fenómenos meteorológicos extremos. A atenuação, por outro lado, visa reduzir as emissões de gases com efeito de estufa (GEE) para abrandar o aquecimento global.

As estratégias de adaptação são cruciais para:

- Reforçar a resiliência, ajudando as comunidades e os ecossistemas a resistir e a recuperar dos impactes climáticos.[69]

- Reduzir a vulnerabilidade através da aplicação de medidas destinadas a melhorar as infra-estruturas e a agricultura sustentável, reduzindo a suscetibilidade aos riscos relacionados com o clima.[70]

- Alcançar o desenvolvimento sustentável, assegurando o crescimento económico sem degradação ambiental e promovendo a saúde ecológica a longo prazo.[71]

As estratégias de atenuação são igualmente vitais, uma vez que têm por objetivo:

- Reduzir as emissões de gases com efeito de estufa através da implementação de fontes de energia renováveis, da melhoria da eficiência

energética e da adoção de práticas sustentáveis de utilização dos solos.

- Aumentar os sumidouros de carbono, protegendo as florestas e outros ecossistemas naturais que absorvem o CO2 da atmosfera.[72]

- Transição para economias hipocarbónicas através da redução da pegada de carbono em todos os sectores.[71]

Tradicionalmente, as estratégias de adaptação e de atenuação eram consideradas separadas, mas o Painel Intergovernamental sobre as Alterações Climáticas (IPCC) sublinha a urgência e a importância de integrar ambas as estratégias.[73]

4.2. Políticas e programas de apoio à segurança alimentar na perspetiva das alterações climáticas:

Os governos contam com um conjunto de políticas e programas para apoiar a segurança alimentar como parte das estratégias de adaptação e mitigação das alterações climáticas, incluindo:

1. **Agricultura sustentável e resiliência agrícola:** A agricultura sustentável é um sistema agrícola destinado a satisfazer as necessidades alimentares actuais sem comprometer a capacidade das gerações futuras de satisfazerem as suas necessidades. Este tipo de agricultura inclui práticas e técnicas que reduzem o impacto ambiental negativo, conservam os recursos naturais e melhoram as condições económicas e sociais das comunidades rurais. ,[7475] A resiliência agrícola, por outro lado, refere-se à capacidade dos sistemas agrícolas para se adaptarem às pressões ambientais e às alterações climáticas e recuperarem rapidamente as suas

funções após perturbações. Isto é conseguido através da melhoria das práticas de gestão das terras, da diversificação das culturas e da adoção de tecnologias avançadas.[49] Os elementos-chave da agricultura sustentável e da resiliência agrícola incluem:[76]

- **Diversificação e rotação de culturas:** Cultivar uma variedade de culturas em vez de depender de uma única cultura ajuda a reduzir os riscos de pragas, doenças e alterações climáticas.

- **Gestão dos recursos naturais:** Preservação do solo e da água através de práticas agrícolas inovadoras, tais como o plantio direto, a irrigação por gotejamento e a agricultura de conservação da água.

- **Utilização de tecnologias agrícolas modernas:** Como a agricultura inteligente, a deteção remota e a análise de dados para melhorar a produtividade e aumentar a eficiência.[77]

- **Implementar práticas agrícolas respeitadoras do ambiente:** Principalmente centrado na redução de pesticidas e fertilizantes químicos, promovendo fertilizantes orgânicos e outras técnicas amigas do ambiente que mantêm o equilíbrio ecológico.[78]

2. **Desenvolvimento das infra-estruturas rurais:** consiste em melhorar os serviços e instalações de base nas zonas rurais, a fim de aumentar a produtividade agrícola, melhorar o acesso aos mercados e melhorar a qualidade de vida dos habitantes das zonas rurais. Este desenvolvimento engloba várias componentes, nomeadamente:[79] ,[80]

- **Melhoria das redes rodoviárias rurais:** para ligar os agricultores aos

mercados, reduzir os custos de transporte e facilitar a venda rápida de produtos agrícolas.[81],[82]

- **Implementação de sistemas de irrigação modernos,** como a irrigação por gotejamento e aspersão, para melhorar a eficiência da utilização da água, especialmente em regiões áridas ou propensas a secas.

- **Criação de instalações de armazenamento agrícola:** como silos e armazéns para preservar as culturas após a colheita e minimizar o desperdício de alimentos.

- **Eletrificação rural:** para apoiar as operações agrícolas e permitir que os agricultores utilizem tecnologias avançadas.[83]

- **Melhoria das infra-estruturas de comunicação nas zonas rurais:** para permitir que os agricultores tenham acesso a informações cruciais, como os preços de mercado, as previsões meteorológicas e os serviços agrícolas.[84]

3. **Tecnologia e inovação:** refere-se à utilização de técnicas modernas e métodos inovadores para melhorar a produção agrícola e aumentar a eficiência. Estas tecnologias incluem:

- **Agricultura inteligente:** Utilização de dispositivos de deteção remota, Sistemas de Informação Geográfica (SIG) e drones para recolher e analisar dados para melhorar a gestão das culturas e dos recursos.[85],[86]

- **Mecanização agrícola:** Utilização de máquinas e equipamentos

modernos para facilitar as operações agrícolas e de colheita, aumentando a eficiência e a produtividade.[87]

- **Biotecnologia:** Aplicação de técnicas biológicas, como a engenharia genética, para melhorar a resistência das culturas a pragas e doenças e aumentar a qualidade da produção.[88]

- **Gestão inteligente dos recursos hídricos:** Utilizar a irrigação por gotejamento, a irrigação por aspersão e as tecnologias inteligentes de controlo da água para alcançar uma maior eficiência no consumo de recursos hídricos.[89]

- **Utilizar a inteligência artificial e a análise de dados agrícolas:** Assegurar uma melhor previsão dos desafios agrícolas futuros e tornar a agricultura mais eficiente.[90]

4. **Seguro agrícola e proteção social:** O seguro agrícola é um sistema que oferece proteção financeira aos agricultores contra perdas resultantes de catástrofes naturais, como secas, inundações, furacões e pragas agrícolas. Este seguro tem como objetivo proporcionar estabilidade financeira aos agricultores, permitindo-lhes retomar a atividade agrícola após as catástrofes sem sofrerem perdas significativas.[91] Os programas de seguro agrícola incluem seguros de colheitas e de gado. Os programas e políticas de proteção social visam proteger os indivíduos e os grupos vulneráveis dos riscos económicos e sociais, incluindo a pobreza, o desemprego e as doenças.[92] Estes programas incluem apoio financeiro direto e programas alimentares que fornecem assistência alimentar direta às famílias afectadas para garantir o acesso às necessidades alimentares básicas e aos cuidados de saúde durante as

crises. Além da formação profissional para agricultores e grupos afectados, para lhes permitir adquirir novas competências e aumentar as oportunidades de emprego e os rendimentos.[93]

5. **Educação e sensibilização agrícola:** referem-se a uma série de iniciativas e programas que visam fornecer aos agricultores e trabalhadores agrícolas os conhecimentos e competências necessários para melhorar a produtividade, promover práticas agrícolas sustentáveis e adaptar-se às alterações climáticas. Os programas de educação e sensibilização agrícola incluem educação técnica e formação em tecnologias modernas para melhorar a produtividade e a eficiência dos recursos, como a agricultura de precisão, a deteção remota, a irrigação inteligente, a gestão das culturas e a utilização sustentável de fertilizantes e pesticidas.[94] Envolvem também programas de formação sobre a sensibilização para práticas ambientais que reduzem os impactos das alterações climáticas, como a rotação de culturas, o plantio direto e a gestão eficiente dos recursos naturais. Os agricultores recebem formação em gestão de riscos relacionados com catástrofes naturais e alterações climáticas, adoptando estratégias de seguro agrícola e medidas preventivas. ,[4695] A promoção do ensino e da formação agrícola no âmbito do desenvolvimento rural abrangente garante que todos os membros das comunidades rurais beneficiam dos programas educativos.

A figura seguinte (figura 4-1) ilustra as principais estratégias mundiais de apoio à segurança alimentar e à adaptação e atenuação do impacto das alterações climáticas globais.

Figura (4-1) Principais estratégias de apoio à segurança alimentar e de adaptação e atenuação das alterações climáticas globais.

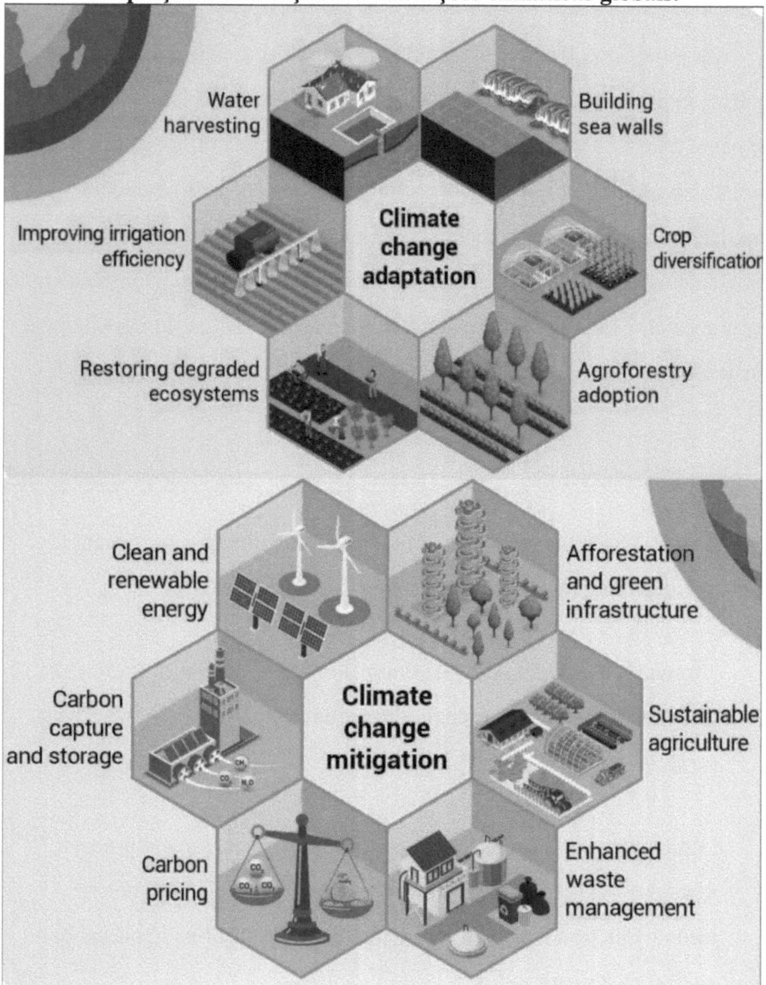

Fonte:[96]

4.3. Experiências governamentais e internacionais bem sucedidas:

As políticas e programas governamentais são cruciais para enfrentar os impactes multifacetados das alterações climáticas. Estas iniciativas variam consoante o país e abrangem frequentemente um vasto leque de estratégias, desde a redução das emissões até ao reforço da resistência às alterações climáticas. Apresentamos de seguida uma análise de alguns exemplos internacionais bem sucedidos de políticas e programas governamentais de apoio à segurança alimentar como estratégia de adaptação e mitigação das alterações climáticas:

Índia:

A Índia implementou vários programas fundamentais para apoiar a segurança alimentar e a adaptação às alterações climáticas:

- "Programa Nacional de Agricultura Biológica", para promover a agricultura biológica e reduzir a dependência de factores de produção agrícola químicos.

- "Karnataka Agricultural Adaptation Project", centrado em práticas agrícolas flexíveis para gerir os recursos hídricos e adotar novas tecnologias para aumentar a produtividade e reduzir os impactos das alterações climáticas.[97]

- "Programa Acelerado de Benefícios da Irrigação", destinado a melhorar os sistemas de irrigação e a eficiência da utilização da água no sector agrícola.[98]

- Iniciativas modernas de irrigação como o "Pradhan Mantri Krishi Sinchai Yojana" para melhorar a eficiência da utilização da água na agricultura e melhorar as redes rodoviárias rurais para um melhor transporte dos produtos agrícolas para os mercados.[99]

- "Projeto de irrigação inteligente", que utiliza sistemas de irrigação por gotejamento e gestão inteligente da água para melhorar a eficiência da utilização da água e aumentar a produtividade.

- O programa de seguro de colheitas "Pradhan Mantri Fasal Bima Yojana" oferece aos agricultores um seguro de colheitas a preços acessíveis para cobrir perdas decorrentes de catástrofes naturais e flutuações de preços.[100]

- "Projeto E-Choupal", uma plataforma eletrónica que permite aos agricultores acederem aos preços de mercado, às previsões meteorológicas e às práticas agrícolas modernas para tomarem decisões informadas.[101]

- "Lei nacional sobre a garantia do emprego rural, que oferece oportunidades de emprego temporário nas zonas rurais para aumentar o rendimento e melhorar o nível de vida das famílias rurais.[102]

- Programa "Mgnrega work-for-food", que oferece oportunidades de emprego a agregados familiares rurais vulneráveis, a fim de aumentar a segurança alimentar e garantir um rendimento sustentável.[103]

Brasil:

O Brasil implementa várias estratégias para melhorar a segurança alimentar e enfrentar as alterações climáticas:

- O "Programa Agricultura de Baixo Carbono (ABC)" é uma estratégia que visa remodelar os sistemas agrícolas para apoiar melhor o desenvolvimento e garantir a segurança alimentar num clima em mudança, incentivando práticas agrícolas sustentáveis. reduzir as emissões de carbono, como a agrossilvicultura e a consociação de culturas.[104]

- "Projectos de restauração florestal e biodiversidade", para melhorar a restauração florestal e aumentar a biodiversidade através de práticas agrícolas sustentáveis.[105]

- "O programa Luz Para Todos foi lançado em novembro de 2003 com o objetivo de melhorar a eletrificação nas zonas rurais para aumentar a produtividade agrícola e a qualidade de vida. Este objetivo foi alcançado através da expansão das redes, dos sistemas de distribuição e da utilização de energias renováveis.[106]

- "Projeto de desenvolvimento de estradas rurais na Amazónia", para melhorar as infra-estruturas de transporte nas zonas rurais para o comércio e o acesso ao mercado.[107]

- Programa "Bolsa Verde Bosla Verde", que oferece apoio financeiro às famílias rurais para melhorar o seu nível de vida e promover a sustentabilidade agrícola.[108]

- "Programa Bolsa Família", que fornece transferências diretas de dinheiro às famílias pobres para melhorar a segurança alimentar, a saúde e a educação.[109]

- Programa de seguro rural (Seguro Rural), que oferece seguro agrícola aos

agricultores para os proteger dos riscos climáticos e das flutuações do mercado.[110]

União Europeia:

A União Europeia tem políticas abrangentes para apoiar a agricultura sustentável e a resiliência climática:

- "Política Agrícola Comum (PAC)", que apoia os agricultores na adoção de práticas agrícolas sustentáveis e na melhoria das infra-estruturas rurais.[111]

- As iniciativas de Agricultura Inteligente face ao Clima (ACI) são uma abordagem abrangente da gestão das terras agrícolas, da pecuária, das florestas e das pescas, que visa resolver as questões interligadas da segurança alimentar e das alterações climáticas.[112]

- Programa "Horizonte 2020", para apoiar a investigação e a inovação no domínio da agricultura sustentável e desenvolver novas tecnologias para fazer face às alterações climáticas.[113]

A União Europeia adoptou o Pacto Ecológico Europeu com o objetivo de tornar a Europa o primeiro continente com impacto neutro no clima até 2050. Este plano inclui a Lei Europeia do Clima, que vincula juridicamente o objetivo de neutralidade climática para 2050, e o pacote Fit for 55, que visa reduzir as emissões líquidas de gases com efeito de estufa em, pelo menos, 55% até 2030, em comparação com os níveis de 1990. Estes objectivos ambiciosos são apoiados por investimentos financeiros substanciais em energias renováveis e eficiência energética.[114]

China:

A China coloca uma ênfase significativa no desenvolvimento de infra-estruturas rurais para reforçar a agricultura e a resistência às alterações climáticas:

- O "Projeto global de desenvolvimento das infra-estruturas rurais" centra-se na melhoria das estradas, dos sistemas de irrigação, da eletricidade e das comunicações nas zonas rurais.[115]

- Iniciativa "Belt and Road", com o objetivo de melhorar as infra-estruturas de transporte entre as zonas rurais e urbanas para reforçar o comércio regional e internacional.[116] ,[117]

Japão:

As estratégias climáticas do Japão centram-se na descarbonização através de tecnologias amigas do ambiente:

- Estratégia de crescimento verde: Tem como objetivo a neutralidade carbónica até 205, com uma redução de 46% das emissões de gases com efeito de estufa em relação aos níveis de 2013 até 2030.

- As medidas incluem a promoção das energias renováveis, o aumento da eficiência energética e o progresso nas tecnologias de captura e armazenamento de carbono.[118]

Estados Unidos:

Os Estados Unidos tiram partido de tecnologias avançadas e de medidas regulamentares para apoiar a agricultura e a resiliência climática:

- A "Agricultura de Precisão", que utiliza drones e satélites para a recolha e análise de dados, permite tomar decisões agrícolas precisas e melhorar a gestão das terras e das culturas. A agricultura de precisão ajuda os agricultores a reduzir o impacto climático, optimizando a utilização dos recursos, reduzindo a erosão, aumentando a biodiversidade e minimizando as emissões de gases com efeito de estufa.[119]

- "Tecnologia de edição de genes CRISPR" para melhorar a resistência das culturas a pragas e doenças e aumentar a produtividade.[120] ,[121]

- "Federal Crop Insurance Corporation (FCIC)", que fornece seguros de colheitas e de gado para proteger os agricultores contra perdas.[122]

- "Supplemental Nutrition Assistance Program (SNAP)", que oferece vales de alimentação às famílias com baixos rendimentos para garantir o acesso às necessidades nutricionais básicas.[123]

A Agência de Proteção Ambiental dos Estados Unidos (EPA) implementou vários regulamentos rigorosos para reduzir as emissões de gases com efeito de estufa e aumentar a resiliência climática. Estas medidas incluem uma redução progressiva de 85% dos hidrofluorocarbonetos (HFC) ao longo de 15 anos, que deverá evitar até 0,5°C de aquecimento global até 2100. A EPA impõe normas de gases com efeito de estufa para veículos e centrais eléctricas, a fim de reduzir significativamente as emissões. ,[124125] Além disso, o Programa de

Normas para Combustíveis Renováveis obriga à utilização de combustíveis renováveis para diminuir a dependência dos combustíveis fósseis. A EPA também tem como objetivo a redução do metano no sector do petróleo e do gás natural, abordando este potente gás com efeito de estufa.[124] De acordo com a Quinta Avaliação Nacional do Clima, as emissões dos EUA diminuíram 12% entre 2005 e 2019, em grande parte devido a uma mudança para o gás natural e as fontes de energia renováveis na produção de eletricidade. Além disso, o governo investiu na adaptação e resiliência às alterações climáticas através do reforço das infra-estruturas, do apoio a

tecnologias de energias renováveis e promoção de práticas sustentáveis de gestão dos solos.[126]

Reino Unido:

O governo do Reino Unido desenvolveu estratégias abrangentes para enfrentar as alterações climáticas através de investimentos substanciais e programas pormenorizados. O Terceiro Programa Nacional de Adaptação inclui um investimento de 5,2 mil milhões de libras em sistemas de defesa costeira e contra inundações, 750 milhões de libras para o Nature for Climate Fund e 80 milhões de libras para o Green Recovery Challenge Fund. Estas iniciativas destinam-se a reforçar a resiliência das infra-estruturas, a promover uma economia verde e a assegurar uma produção alimentar sustentável. Além disso, o Reino Unido integrou a resiliência climática nas suas estratégias industriais e de segurança para proteger os serviços essenciais das perturbações relacionadas com o clima. Coletivamente, estes esforços visam reforçar a resiliência do país a impactos como ondas de calor, inundações e secas.[127]

Países Baixos:

Os Países Baixos utilizam tecnologias inovadoras para aumentar a produtividade e a sustentabilidade da agricultura:

- "Tecnologias inteligentes de estufas", que utilizam técnicas agrícolas de ambiente controlado para aumentar a produtividade agrícola e reduzir o consumo de água.[128]

Canadá:

O Canadá afectou recursos significativos à adaptação às alterações climáticas e à resposta a catástrofes.

Desde 2015, o Canadá investiu mais de 6,5 mil milhões de dólares na adaptação às alterações climáticas para criar resiliência antes da ocorrência de eventos relacionados com o clima. Além disso, o programa de Acordos de Assistência Financeira a Catástrofes forneceu mais de 7,9 mil milhões de dólares às províncias e territórios para a resposta e recuperação de catástrofes desde 1970. Estes investimentos visam atenuar os impactos económicos das alterações climáticas e apoiar a resiliência das comunidades.[129]

Austrália:

As políticas climáticas da Austrália dão ênfase à redução das emissões e à promoção das energias renováveis através de várias iniciativas. O plano Powering Australia visa diminuir as emissões, reduzir os custos da energia e criar emprego, investindo em energias renováveis, melhorando a rede eléctrica e apoiando a adoção de veículos eléctricos. Além disso, o Fundo de Redução de

Emissões oferece incentivos financeiros para que as empresas e os indivíduos adoptem tecnologias e práticas que reduzam as emissões, enquanto o programa Climate Active incentiva as empresas a alcançarem.[130]

México:

O México apoia a produtividade agrícola e a resiliência climática através de programas específicos:

- "Programa de seguro de saúde Seguro Popular", que presta serviços de saúde a agricultores e famílias rurais para reduzir os encargos financeiros.[131] ,[132]

- "Programa de Apoio Direto no Terreno (PROCAMPO)", que oferece apoio financeiro direto aos agricultores para melhorar a produtividade agrícola e garantir a sustentabilidade dos recursos.[133]

Peru:

O Peru capacita os agricultores com informações e formação essenciais para reforçar a sua capacidade de resistência às alterações climáticas:

- "Plataforma Agraria", uma plataforma eletrónica que fornece informações e orientações sobre as alterações climáticas e o seu impacto na agricultura, juntamente com recomendações para melhorar a produtividade agrícola.[134]

- "Agro Rural initiative", que apoia os agricultores rurais através de programas de formação e educação sobre agricultura sustentável e gestão dos recursos naturais. [134], 5[13]

Quénia:

O Quénia aplica estratégias sólidas de adaptação às alterações climáticas, incluindo:

- "Programa de seguro agrícola contra catástrofes climáticas", que oferece cobertura aos agricultores contra perdas decorrentes de secas e inundações, a fim de melhorar a sua adaptação às alterações climáticas.[136]

- "National Safety Net Program (NSNP)", é um programa governamental de proteção social, criado em 2013, e é uma das iniciativas do governo queniano para melhorar e reforçar a provisão de proteção social no país. Também oferece apoio financeiro a grupos vulneráveis, incluindo agricultores, para melhorar a segurança alimentar e reduzir a pobreza.[137]

- Iniciativa "Digital Green", que utiliza a tecnologia de vídeo para apresentar as melhores práticas agrícolas aos agricultores, com vista ao intercâmbio de conhecimentos.[138]

- "Centros de informação agrícola", que fornecem informações sobre preços, meteorologia e técnicas agrícolas modernas através de mensagens de texto e telemóveis.[139]

Os governos de todo o mundo utilizam estratégias variadas para combater as alterações climáticas, centrando-se na adaptação e na atenuação. Estes esforços são cruciais para minimizar os riscos climáticos, promover a sustentabilidade e alcançar a segurança alimentar. Adaptadas às necessidades de cada país, estas iniciativas contribuem coletivamente para a luta global contra as alterações climáticas.[140]

Capítulo 5: Resumo, recomendações e conclusão

Capítulo 5: Resumo, recomendações e conclusão

5.1 Resumo:

O presente estudo aborda a questão crítica da segurança alimentar global no século XXI. O estudo salienta que 828 milhões de pessoas enfrentaram insegurança alimentar em 2021.2 Os principais factores que contribuem para esta situação são as alterações climáticas, os conflitos, como a guerra na Ucrânia, e as crises económicas. As alterações climáticas agravam a insegurança alimentar, reduzindo o rendimento das culturas, aumentando as catástrofes naturais, degradando a qualidade dos solos e da água, aumentando os preços dos alimentos e provocando pobreza e subnutrição. O estudo tem por objetivo avaliar o impacto das alterações climáticas na produção alimentar, identificar as regiões vulneráveis e propor estratégias de adaptação e de atenuação.

O estudo adoptou a abordagem de revisão sistemática para recolher dados de investigações anteriores, documentos, artigos e discussões. Esta abordagem seguiu um protocolo específico que incluía a definição do problema de investigação, o estabelecimento de critérios para a seleção de estudos relevantes e a definição de métodos de extração e síntese de dados. Os critérios de seleção destacaram a relevância para os objectivos do estudo, a fiabilidade das fontes de dados, a publicação em fontes de renome e a atualidade (publicados na última década). Foram analisados cerca de 165 estudos sobre alterações climáticas e segurança alimentar global. Destes, 141 estudos cumpriram os critérios de seleção.

5.2 Principais conclusões:

O aumento das temperaturas altera as regiões agrícolas, afectando as práticas de cultivo e a produção animal e reduzindo a produção de carne, produtos lácteos e marisco.

As comunidades marginalizadas tornam-se mais vulneráveis ao impacto do aumento da temperatura.

As alterações nos padrões de precipitação e as secas diminuem a produtividade agrícola, provocando quebras de colheitas e perturbando os meios de subsistência das comunidades agrícolas. O stress e a escassez de água têm afetado a agricultura de sequeiro e de regadio, agravando os resultados nutricionais e a desigualdade social e económica.

A ameaça que a subida do nível do mar representa para a agricultura costeira inclui a intrusão de água salgada e a salinização dos solos, que podem levar à perda de infra-estruturas agrícolas, à deslocação de comunidades agrícolas e a impactos negativos na pesca e na aquicultura, reduzindo, em última análise, a produção de produtos do mar.

Os fenómenos meteorológicos extremos, como as tempestades e as inundações, provocam danos nas colheitas, perturbam as cadeias de abastecimento alimentar e criam problemas de escassez de água e de irrigação. As perdas de gado e o aumento da insegurança alimentar são também consequências das condições meteorológicas extremas, afectando particularmente os grupos vulneráveis e causando impactos sociais e económicos significativos.

As alterações climáticas têm impactos socioeconómicos, incluindo um declínio da produtividade agrícola, o aumento dos preços dos alimentos devido a perturbações relacionadas com o clima e uma maior vulnerabilidade dos meios de subsistência rurais, especialmente para os pequenos agricultores. Estes factores contribuem para as disparidades na distribuição dos alimentos e podem levar à migração e a conflitos devido à insegurança alimentar induzida pelo clima.

O estudo sublinha a importância das estratégias de adaptação e de atenuação no combate às alterações climáticas. As estratégias de adaptação centram-se no reforço da resistência das comunidades e dos ecossistemas, enquanto as estratégias de atenuação têm por objetivo diminuir as emissões de gases com efeito de estufa.

O estudo destacou uma série de políticas e programas nacionais e regionais que abordam a adaptação e a atenuação das alterações climáticas, por exemplo:

- **Índia:** Concentração na agricultura biológica, gestão da água, seguros de colheitas e emprego rural.

- **Brasil:** Ênfase na agricultura com baixas emissões de carbono, na recuperação de florestas e na eletrificação rural.

- **União Europeia:** Política Agrícola Comum, Agricultura Inteligente face ao Clima e Pacto Ecológico Europeu.

- **China:** Desenvolvimento abrangente das infra-estruturas rurais e iniciativas internacionais como a Iniciativa "Uma Faixa, Uma Rota".

- **Estados Unidos:** Avanços na agricultura de precisão, tecnologia CRISPR

e regulamentação ambiental.

Estas estratégias são concebidas para melhorar a segurança alimentar mundial, promovendo a sustentabilidade e a resiliência e abordando os diversos impactos das alterações climáticas.

5.3 Recomendações:

A agricultura enfrenta ameaças significativas decorrentes das alterações climáticas, que afectam a segurança alimentar e os meios de subsistência de milhões de pessoas. Para fazer face a estes desafios, é necessária uma abordagem multifacetada, que integre estratégias de adaptação e de atenuação para criar um sector agrícola resiliente.

Eis as principais recomendações para fazer face à crise climática na agricultura:

- **Abordagens integradas:**

Para fazer face aos impactos multifacetados das alterações climáticas na agricultura, é essencial adotar uma abordagem global que combine estratégias de adaptação e de atenuação. Isto implica a aplicação de políticas que apoiem práticas agrícolas sustentáveis e aumentem a resiliência contra as perturbações climáticas. Ao promover uma sinergia entre os esforços de adaptação e de atenuação, podemos criar um sistema agrícola robusto capaz de resistir e recuperar dos choques climáticos.

- **Melhorar as infra-estruturas rurais**

O investimento em infra-estruturas rurais é crucial para apoiar a produtividade agrícola e melhorar o acesso ao mercado. As infra-estruturas essenciais, como as redes rodoviárias, os sistemas de irrigação, as instalações de armazenamento, a eletricidade e as redes de comunicação, devem ser desenvolvidas e mantidas. A melhoria das infra-estruturas não só aumenta a produção agrícola, como também garante que os agricultores possam transportar eficazmente os seus produtos para os mercados, reduzindo as perdas pós-colheita e aumentando os rendimentos.

Promover a tecnologia e a inovação

A adoção de avanços tecnológicos é vital para modernizar a agricultura e melhorar a gestão dos recursos. A adoção de técnicas agrícolas inteligentes, maquinaria moderna, biotecnologia e inteligência artificial pode aumentar significativamente a eficiência e a produtividade. Tecnologias como a agricultura de precisão e os sistemas de irrigação automatizados permitem uma melhor afetação de recursos, reduzindo o desperdício e maximizando os rendimentos.

- **Prestar apoio financeiro e proteção social**

A estabilidade financeira é uma pedra angular da resiliência na agricultura. O desenvolvimento de programas de seguros agrícolas e de medidas de proteção social pode proteger os agricultores e os grupos vulneráveis contra os riscos climáticos e a instabilidade económica. Ao fornecer apoio financeiro, os agricultores podem investir em práticas sustentáveis e recuperar mais rapidamente de fenómenos climáticos adversos, garantindo a produção contínua de alimentos e a segurança dos meios de subsistência.

- **Educação e sensibilização**

A educação dos agricultores sobre técnicas agrícolas modernas, práticas sustentáveis e gestão de riscos é essencial para aumentar a produtividade e a resiliência. Devem ser criados programas de formação e serviços de extensão para divulgar conhecimentos sobre métodos agrícolas resistentes ao clima, gestão da saúde dos solos e utilização eficiente da água. Com os conhecimentos adequados, os agricultores podem adotar práticas que sustentem os seus meios de subsistência e protejam o ambiente.

Cooperação internacional.

A colaboração global é fundamental para enfrentar os impactos generalizados das alterações climáticas na agricultura. A partilha de conhecimentos, tecnologias e recursos através da cooperação internacional pode amplificar os esforços para combater as alterações climáticas e garantir a segurança alimentar. Trabalhando em conjunto, os países podem desenvolver soluções inovadoras e criar uma frente colectiva contra os desafios colocados por um clima em mudança.

- Desenvolvimento e implementação de políticas.

Os governos desempenham um papel fundamental na promoção de uma agricultura resiliente às alterações climáticas através da elaboração e aplicação de políticas eficazes. As políticas devem centrar-se na redução das emissões, na proteção dos recursos naturais e no incentivo a práticas agrícolas sustentáveis. A aplicação destas políticas garante que as actividades agrícolas contribuem para a atenuação das alterações climáticas, reforçando simultaneamente a resiliência do sector às variações climáticas.

5.4 Conclusão:

A resposta aos impactes das alterações climáticas na agricultura exige uma abordagem holística e integrada. Ao concentrarem-se nestas áreas-chave, as partes interessadas - incluindo decisores políticos, investigadores e comunidades - podem trabalhar em conjunto para construir um sector agrícola resiliente e sustentável. Através da colaboração e da inovação, podemos garantir a segurança alimentar para as gerações actuais e futuras, mitigando os efeitos adversos das alterações climáticas na agricultura e promovendo um futuro sustentável.

Referências:

1 Higgins JPT, Thomas J, Chandler J, Cumpston M, Li T, Page MJ, Welch VA (editores). (2022). *"Manual Cochrane para Revisões Sistemáticas de Intervenções"*. Versão 6.3 (actualizada em fevereiro de 2022). Cochrane, 2022. https://training.cochrane.org/handbook.

2 IPCC. (2021). *"Alterações climáticas 2021: The Physical Science Basis"*. https://www.ipcc.ch/report/ar6/wg1/.

3 Nações Unidas. (2022). *"Causas e efeitos das alterações climáticas"*. Ação climática. https://www.un.org/en/climatechange/science/causes-effects-climate-change.

4 USGS. (2021). *"Quais são alguns dos sinais das mudanças climáticas?"*. Ciência para um mundo em mudança. https://www.usgs.gov/faqs/what-are-some-signs-climate-change.

5 NOAA. (2021). *"Relatório sobre o clima global - Anual 2020"*. https://www.ncei.noaa.gov/access/monitoring/monthly-report/global/202013#:~:text=A%2020%20Terra%20do%20Hemisfério%20Norte, a%20quinta%20mais%20elevada%20do%20registo.

6 UNDRR. (2020). *"O custo humano das catástrofes: An Overview of the Last 20 Years"*. Gabinete das Nações Unidas para a Redução do Risco de Catástrofes. https://www.undrr.org/publication/human-cost-disasters-overview-last-20-years-2000-2019.

7 Banco Mundial. (2021). *"Relatório sobre o Desenvolvimento Mundial 2021: Datafor Better Lives"*. Banco Mundial. https://www.worldbank.org/en/publication/wdr2021.

8 Science Diret (2013). *"Segurança alimentar - uma visão geral"*. Science Diret Topics. https://www.sciencedirect.com/topics/food-science/food-security#:~:text=The%20Food%20and%20Agriculture%20Organization,an%20act ive%20and%20healthy%20life.%E2%80%9D.

9 Raj, S., Roodbar, S., Brinkley, C., & Wolfe, D. W. (2022). *"FoodSecurity and Climate Change: Diferenças nos Impactos e Estratégias de Adaptação para Comunidades Rurais no Sul e Norte Global"*. Frontiers in Sustainable Food Systems. https://doi.org/10.3389/fsufs.2021.691191.

10 Maisonet-Guzman, O. E. (2011). *"Segurança alimentar e crescimento populacional no século XXI"*. E-International Relations. https://www.e-ir.info/2011/07/18/food- security-and-population-growth-in-the-21st-

century/#google vignette.

11 Comissão Europeia. (2022). *"Estabilidade alimentar global e seus determinantes socioeconómicos rumo ao desenvolvimento sustentável"*. Knowledge for Policy. https://knowledge4policy.ec.europa.eu/publication/global-food-stability-its-socio- economic-determinants-towards-sustainable-development en.

12 Drewnowski, A. (2022). *"A insegurança alimentar tem causas económicas profundas"*. Nature Food, 3(8), 555-556. https://doi.org/10.1038/s43016-022-00577-w.

13 Koç, A. A., Ozdamar, O., & Uysal, P. (2017). *"Os determinantes económicos da segurança alimentar na região MENA"*. International Journal of Food and Beverage Manufacturing and Business Models, 2(1), 12-24. https://www.researchgate.net/publication/318162979 The Economic Determinants of Food Security in the MENA Region.

14 ISDC. (2016). *"The Relationship between Food Security and Violent Conflict" [A relação entre segurança alimentar e conflitos violentos]*. Centro Internacional de Segurança e Desenvolvimento. https://isdc.org/wp-content/uploads/2019/08/Food-Security-and-Conflict-2016-12-22.pdf.

15 Martin-Shields, C., & Stojetz, W. (2018). *"Segurança alimentar e conflito: Desafios empíricos e oportunidades futuras para a investigação e elaboração de políticas sobre segurança alimentar e conflitos"*. Documento de Trabalho da FAO 18-04). Organização das Nações Unidas para a Alimentação e a Agricultura. https://openknowledge.fao.org/server/api/core/bitstreams/bf424047-b87c-4469-bb08-72b2d8673307/content.

16 ADBI. (2017). "Comércio agrícola e segurança alimentar". Instituto do Banco Asiático de Desenvolvimento, Série de Documentos de Trabalho n.º 664, fevereiro de 2017. https://www.adb.org/sites/default/files/publication/228906/adbi-wp664.pdf.

17 FAO. (2016). *"Como é que o comércio agrícola afecta a segurança alimentar?"*. Organização das Nações Unidas para a Alimentação e a Agricultura https://openknowledge.fao.org/server/api/core/bitstreams/1145c413-d222-4095-b6ab-f7252f7b31e5/content.

18 Gouvea, R., Kapelianis, D., Li, S., & Terra, B. (2022). *"Inovação, TIC e segurança alimentar"*. Global Food Security, 35. https://doi.org/10.1016/j.gfs.2022.100648.

19 UNCTAD. (2017). *"O papel da ciência, tecnologia e inovação na garantia da segurança alimentar até 2030"*. A Conferência das Nações Unidas sobre Comércio e
Desenvolvimento. https://unctad.org/system/files/official-document/dtlstict2017d5 en.pdf.

20 Mahmoud, B. (2018). *"A chave para a segurança alimentar: Investigação e desenvolvimento eficazes"*. Agrilinks. https://agrilinks.org/post/effective-research-and- desenvolvimento-abordagem-atingir-segurança-alimentar-e-objectivos-de-desenvolvimento

21 Igini, M. (2024). *"Porque é que a segurança alimentar mundial é importante em 2024"*. Earth.Org.
Earth.Org. https://earth.org/global-food-security/#:~:text=Os%20hábitos%20alimentares%20modernos%20põem em risco os%20recursos%20alimentares%2 0preciosos%20do planeta.

22 Silva, P., Araújo, R., Lopes, F., & Ray, S. (2023). *"Literacia alimentar e nutricional: Enquadrando os desafios à comunicação em saúde"*. Nutrientes, 15(22), 4708.
https://www.ncbi.nlm.nih.gov/pmc/articles/PMC10674981/.

23 Capone, R., El Bilali, H., Debs, P., Cardone, G., & Driouech, N. (2014). *"Sustentabilidade do sistema alimentar e segurança alimentar: Connecting the dots"*. Journal of Food Security, 2(1), 13-22. http://pubs.sciepub.com/jfs/2/1/2.

24 PAM. (2021). *"Relatório Global sobre Crises Alimentares - 2021"*. Programa Alimentar Mundial. https://www.wfp.org/publications/global-report-food-crises-2021.

25 FAO. (2023). *"The State of Food Security and Nutrition in The World 2023"*. https://openknowledge.fao.org/server/api/core/bitstreams/c121526c-9c63-4e3b-a145-64a391255984/content/state-food-security-and-nutrition-2023/food-security- nutrition-indicators.html.

26 Programa Alimentar Mundial dos EUA. (2023). *"Existe uma escassez global de alimentos? O que está causando a fome, a fome e o aumento dos custos dos alimentos em todo o mundo"*.
https://www.wfpusa.org/articles/is-there-global-food-shortage-whats-causing-hunger-famine-rising-food-costs-around-world/.

27 C.M. Godde, D. Mason-D'Croz, D.E. Mayberry, P.K. Thornton, M. Herrero. (2021). *"Impactos das mudanças climáticas na cadeia de abastecimento*

alimentar do gado; uma revisão das evidências". Segurança Alimentar Global, Volume 28.
https://doi.org/10.1016/j.gfs.2020.100488.

28 PAA. (2023). *"Impactos das alterações climáticas na agricultura e no abastecimento alimentar"*. Agência de Proteção Ambiental dos Estados Unidos. https://www.epa.gov/climateimpacts/climate-change-impacts-agriculture-and-abastecimento de alimentos.

29 Monica K. Kansiime, Justice A. Tambo, Idah Mugambi, Mary Bundi, Augustine Kara, Charles Owuor. (2021). *"Implicações do CO VID-19 no rendimento familiar e na segurança alimentar no Quénia e no Uganda: Conclusões de uma avaliação rápida"*. Desenvolvimento Mundial, Volume 137.
https://www.sciencedirect.com/science/article/pii/S0305750X20303260.

30 Kakaei H, Nourmoradi H, Bakhtiyari S, Jalilian M, Mirzaei A. (2022). *"Efeito do COVID-19 na segurança alimentar, fome e crise alimentar"*. COVID-19 e os Objetivos de Desenvolvimento Sustentável.
https://www.ncbi.nlm.nih.gov/pmc/articles/PMC9335023/.

31 PAM. (2022). *"Conflito e Fome"*. Programa Alimentar Mundial.
https://www.wfp.org/conflict-and-hunger.

32 Ellen Messer, Marc J. Cohen. (2023). *"Capítulo Dez - Conflito, insegurança alimentar e globalização: Uma atualização 20 anos depois"*. Editor (es): Marc J. Cohen, Avanços em Segurança Alimentar e Sustentabilidade. Elsevier, Volume 8.
https://www.sciencedirect.com/science/article/pii/S2452263523000083.

33 PAM. (2020). *"5 factos sobre o desperdício alimentar e a fome"*. Programa Alimentar Mundial. https://www.wfp.org/stories/5-facts-about-food-waste-and-hunger#:~:text=One%2Dthird%20of%20food%20produced,worth%20approxima te ly%20US%241%20trillion.

34 Ishangulyyev R, Kim S, Lee SH. (2019). *"Compreendendo a perda e o desperdício de alimentos - por que estamos perdendo e desperdiçando alimentos?"*. Foods. 2019 Jul 29;8(8):297. PMID: 31362396; PMCID: PMC6723314.
https://www.ncbi.nlm.nih.gov/pmc/articles/PMC6723314/.

35 G. Worku Zerssa, M. Hailemariam, e K. Teshome Tadele. (2024). *"Melhorando a sustentabilidade da agricultura: Challenges and Opportunities"*. Desenvolvimento Sustentável, IntechOpen.
https://www.intechopen.com/chapters/88111.

36 Sara Lago-Olveira, Sherif R.M. El-Areed, Maria Teresa Moreira, Sara González-García. (2023). *"Melhorando a sustentabilidade ambiental da agricultura no Egito por meio de uma perspetiva de ciclo de vida"*. Science of The Total Environment, Volume 890. https://www.sciencedirect.com/science/article/pii/S004896972302956X.

37 Nações Unidas. (2023) *"Relatório sobre os Objectivos de Desenvolvimento Sustentável 2023"*. Edição especial. https://unstats.un.org/sdgs/report/2023/?gl=1*8d2189*ga*MTI4MTk1NzMzNS4xNzEzMzU1MDAz* ga TK9BQL5X7Z*MTcxNjcxODk4MC42LjAuMTcxNjcxODk4MC4wLjAuMA.

38 Metych, M. (2023). *"Segurança alimentar global | Descrição e componentes"*. Enciclopédia Britânica. https://www.britannica.com/topic/global-food-security

39 Impacto do Economista (2022). *"Índice Mundial de Segurança Alimentar (GFSI)"*. https://impact.economist.com/sustainability/project/food-security-index/
.

40 Fórum Económico Mundial. (2023). *"Este é o estado da segurança alimentar em 2023"*. https://www.weforum.org/agenda/2023/08/food-security-hunger-global/.

41 Lobell, D. B., & Tebaldi, C. (2014). *"Ser apanhado com as nossas plantas em baixo: os riscos de um abrandamento global do rendimento das culturas devido às tendências climáticas nas próximas duas décadas"*. Environmental Research Letters, 9(7), 074003. https://iopscience.iop.org/article/10.1088/1748-9326/9/7/074003

42 Agência Escocesa de Proteção do Ambiente. (2018). *"Alterações climáticas e escassez de água"*. https://www.sepa.org.uk/media/159070/climate change water scarcity.pdf.

43 Agência de Proteção Ambiental dos EUA. (2023). *"Impactos das alterações climáticas na agricultura e no abastecimento alimentar"*. EPA DOS EUA. https://www.epa.gov/climateimpacts/climate-change-impacts-agriculture-and-abastecimento de alimentos.

44 Cheng, Muxi, Bruce McCarl e Chengcheng Fei. (2022). *"Mudanças climáticas e produção de gado: A Literature Review"*. Atmosphere 13, no. 1: 140. https://doi.org/10.3390/atmos13010140

45 Earth.org. (2022). *"Os grupos marginalizados são desproporcionadamente afectados pelas alterações climáticas"*. https://earth.org/marginalised-groups-are-disproportionately- affected-by-climate-change/

46 Organização das Nações Unidas para a Alimentação e a Agricultura (FAO). (2016). *"Alterações climáticas e segurança alimentar: Risks and Responses"*. http://www.fao.org/3/a-i6030e.pdf.

47 Painel Intergovernamental sobre as Alterações Climáticas (IPCC). (2019). *"Alterações climáticas e terras: um relatório especial do PIAC sobre alterações climáticas, desertificação, degradação das terras, gestão sustentável das terras,* segurança alimentar e fluxos de gases com efeito de estufa nos ecossistemas terrestres". https://www.ipcc.ch/srccl/.

48 Malhi, G. S., Kaur, M., & Kaushik, P. (2021). *"Impacto das mudanças climáticas na agricultura e suas estratégias de mitigação: Uma revisão"*. Sustentabilidade. https://doi.org/10.3390/su13031318.

49 Organização das Nações Unidas para a Alimentação e a Agricultura (FAO). (2020). *"Construir a Resiliência Climática para a Segurança Alimentar e Nutricional"*. http://www.fao.org/3/ca8818en/ca8818en.pdf.

50 Neumann, B., Vafeidis, A. T., Zimmermann, J., & Nicholls, R. J. (2015). *"Crescimento futuro da população costeira e exposição à subida do nível do mar e às inundações costeiras - uma avaliação global"*. PloS one, 10(3), e0118571. https://journals.plos.org/plosone/article?id=10.1371/journal.pone.0118571.

51 Hinkel, J., Lincke, D., Vafeidis, A. T., Perrette, M., Nicholls, R. J., Tol, R. S. J., ... & Levermann, A. (2019). *"Danos de inundação costeira e custos de adaptação sob o aumento do nível do mar do século 21"*. Proceedings of the National Academy of Sciences, 116 (23), 11195-11200. https://www.ncbi.nlm.nih.gov/pmc/articles/PMC3948227/

52 Painel Intergovernamental sobre as Alterações Climáticas (IPCC). (2019). *"Relatório Especial sobre o Oceano e a Criosfera em um Clima em Mudança"*. https://www.ipcc.ch/srocc/. Buchholz, K. (2020). *"O aumento do nível do mar ameaça 200 milhões de pessoas até 2100"*. Statista. https://www.statista.com/chart/19884/the-number-of-people-at-risk-of-being-affected-by-rising-sea-levels/

53 Buchholz, K. (2020). *"O aumento do nível do mar ameaça 200 milhões de pessoas até 2100"*. Statista. https://www.statista.com/chart/19884/the-number-of-people-at- risk-of-being-affected-by-rising-sea-levels/

54 USAID. *(2023). "Migração como estratégia de adaptação ao clima: Desafios e oportunidades para a programação da USAID"*. Estratégia de

Migração Climática da USAID. https://www.climatelinks.org/sites/default/files/asset/document/2023-01/FTF1537 USAID Climate%20Migration%20Strategy 012723.pdf.

55 Blogue da OIM. *(2024). "A migração como estratégia de adaptação às alterações climáticas"*. https://weblog.iom.int/migration-adaptation-strategy-climate-change.

56 Organização das Nações Unidas para a Alimentação e a Agricultura (FAO). (2018). *"Impactos das alterações climáticas na pesca e na aquicultura Síntese dos conhecimentos actuais, opções de adaptação e mitigação"*. Documento técnico 627 da FAO para as pescas e a aquicultura. https://openknowledge.fao.org/server/api/core/bitstreams/9aeb8ade-a623-4954-8adf-204daae3b5de/content

57 Lesk, C., Rowhani, P., & Ramankutty, N. (2016). *"Influência de desastres climáticos extremos na produção agrícola global"*. Nature, 529(7584), 84-87. https://www.nature.com/articles/nature16467

58 Purvis, J. (2024). *"Alterações climáticas, condições meteorológicas extremas e conflitos agravam a crise alimentar mundial"*. Mongabay. https://news.mongabay.com/2024/02/climate-change- extreme-weather-conflict-exacerbate-global-food-crisis/

59 Lloyd's Futureset & Cambridge Centre for Risk Studies. (2023). *"Clima extremo levando a choque de alimentos e água"*. Lloyd's. https://www.lloyds.com/news- and-insights/futureset/futureset-insights/systemic-risk-scenarios/extreme-weather- leading-to-food-and-water-shortage

60 Nações Unidas (2023). "Factos rápidos: Clima e Água". Ação climática. https://www.un.org/sites/un2.un.org/files/fastfacts-climate-and-water-march-2023- final-file.pdf

61 Conti, V., Sitko, N. & Ignaciuk, A. (2018). *"Como é que os fenómenos meteorológicos extremos afectam o bem-estar dos criadores de gado? Evidências do Quirguistão"*. Documento de trabalho da FAO sobre economia do desenvolvimento agrícola 18-07. Roma, FAO. pp. 28. https://www.fao.org/agrifood-economics/publications/detail/en/c/1179655/

62 Newman, R., Noy, I. (2023). *"Os custos globais de condições meteorológicas extremas atribuíveis às alterações climáticas"*. Nat Commun 14, 6103 (2023). https://doi.org/10.1038/s41467-023-41888-1

63 Painel Intergovernamental sobre as Alterações Climáticas (IPCC). (2014). *"Climate Change 2014: Impactos, Adaptação e Vulnerabilidade. Parte A: Aspectos globais e sectoriais. Contribuição do Grupo de Trabalho II para o Quinto Relatório de Avaliação do Painel Intergovernamental sobre as Alterações Climáticas"*. Cambridge University Press. https://www.ipcc.ch/report/ar5/wg2/

64 Laborde, D., Lakatos, C., & Martin, W. (2019). *"Impacto na pobreza dos choques nos preços dos alimentos e política de políticas"*. Grupo do Banco Mundial. Documento de trabalho de pesquisa 8724. https://documents1.worldbank.org/curated/en/863311549375011898/pdf/WPS8724 .pdf.

65 Organização das Nações Unidas para a Alimentação e a Agricultura (FAO). (2021). *"O estado da segurança alimentar e nutricional no mundo 2021"*. http://www.fao.org/documents/card/en/c/cb5121en.

66 Programa das Nações Unidas para o Desenvolvimento (PNUD). (2020). *"Relatório de Desenvolvimento Humano 2020: A Próxima Fronteira - Desenvolvimento Humano e o Antropoceno"*. http://hdr.undp.org/en/content/human-development-report-2020- next-frontier-human-development-and-anthropocene

67 Casa Branca (2021). *"Relatório sobre o impacto das alterações climáticas na migração"*. https://www.whitehouse.gov/wp-content/uploads/2021/10/report-on- the-impact-of-climate-change-on-migration.pdf.

68 Organização Internacional para as Migrações (OIM). (2024). *"Climate Security | Environmental Migration Portal"*. https://environmentalmigration.iom.int/climate- and-security.

69 Agência de Proteção Ambiental dos Estados Unidos (US EPA). (2023). *"Estratégias de adaptação às alterações climáticas"*. https://www.epa.gov/arc-x/strategies-climate-change-adaptation.

70 Instituto de Recursos Mundiais. (2023). *"Principais conclusões do relatório do IPCC sobre mudanças climáticas 2023"*. https://www.wri.org.

71 NASA. (2023). *"Mitigação e Adaptação"*. https://climate.nasa.gov/solutions/adaptation-mitigation/.

72 Organização Mundial da Propriedade Intelectual (OMPI). (2023). *"Livro de Soluções de Tecnologia Verde para a mitigação das alterações climáticas"*. https://www.wipo.int/edocs/pubdocs/en/wipo-pub-1080-2023-en-green-

technology-book.pdf.

73 Painel Intergovernamental sobre as Alterações Climáticas. (2023). *"Climate Change 2023: The Physical Science Basis"*. https://www.ipcc.ch.

74 Altieri, M. A., Nicholls, C. I., & Montalba, R. (2017). *"Abordagens tecnológicas para a agricultura sustentável em uma encruzilhada: uma perspetiva agroecológica"*. Sustentabilidade, 9(3), 349. https://doi.org/10.3390/su9030349.

75 Rockstrom, J., Williams, J., Daily, G., Noble, A., Matthews, N., Gordon, L., ...
& Smith, J. (2017). *"Intensificação sustentável da agricultura para a prosperidade humana e a sustentabilidade global"*. Ambio, 46(1), 4-17. https://doi.org/10.1007/s13280-016-0793-6.

76 FAO. (2017). *"O futuro da alimentação e da agricultura - Tendências e desafios"*.
Organização das Nações Unidas para a Alimentação e a Agricultura. http://www.fao.org/3/i6583e/i6583e.pdf.

77 Banco Mundial. (2018). *"Agricultura inteligente face ao clima: Um apelo à ação"*. Banco Mundial. https://doi.org/10.1596/978-1-4648-1338-8.

78 Dury, J., Schaller, N., Garcia, F., Reynaud, A., & Bergez, J. E. (2019). *"Modelos para apoiar o plano de cultivo e as decisões de rotação de culturas. Uma revisão"*. Agronomia para o Desenvolvimento Sustentável, 39(2), 21. https://doi.org/10.1007/s13593-019-0563-6.

79 Organização das Nações Unidas para a Alimentação e a Agricultura (FAO). (2019).
"Divisão de Infra-estruturas Rurais e Agro-Indústrias". FAO. https://doi.org/10.4060/ca5581en.

80 Fundo Internacional de Desenvolvimento Agrícola. (2020). *"Investindo na população rural na República Popular da China"*. FIDA. https://doi.org/10.4060/ca8222en.

81 Banco Mundial. (2016). *"Ligando os Agricultores aos Mercados através de Alianças Produtivas: Uma avaliação da experiência do Banco Mundial na América Latina"*. Banco Mundial. https://doi.org/10.1596/978-1-4648-0795-0.

82 Banco Asiático de Desenvolvimento. (2018). *"Estradas rurais e acesso aos mercados: Evidence from Bangladesh"*. Banco Asiático de Desenvolvimento. https://doi.org/10.22617/WPS189551-2.

83 Diao, X., Hazell, P., & Thurlow, J. (2019). *"O papel da agricultura no desenvolvimento africano"*. World Development, 48, 71-83. https://doi.org/10.1016/j.worlddev.2013.05.005.

84 Mukherjee, A., & Shankar, B. (2017). *"Infraestrutura rural e produtividade agrícola na Índia: uma análise usando modelagem de equações estruturais"*. World Development, 95, 232-243. https://doi.org/10.1016/j.worlddev.2017.02.002.

85 Klerkx, L., Jakku, E., & Labarthe, P. (2019). *"Uma revisão das ciências sociais sobre agricultura digital, agricultura inteligente e agricultura 4.0: Novas contribuições e uma agenda de pesquisa futura"*. NJAS-Wageningen Journal of Life Sciences, 90, 100315. https://doi.org/10.1016/j.njas.2019.100315.

86 Campbell, B. M., Beare, D. J., Bennett, E. M., Hall-Spencer, J. M., Ingram, J. S., Jaramillo, F., ... & Shindell, D. (2017). *"A produção agrícola como um dos principais impulsionadores do sistema terrestre que excede os limites planetários"*. Ecologia e Sociedade, 22(4). https://doi.org/10.5751/ES-09595-220408.

87 Gupta, H. (2023). *"Como a tecnologia agrícola pode moldar o futuro da agricultura"*. ClimateAi. https://climate.ai/blog/agritech-future-of-farming/.

88 Savary, S., Akter, S., Almekinders, C., Harris, J., Korsten, L., Rotter, R., ... & Watson, J. (2020). *"Mapeamento de mecanismos de interrupção e resiliência em sistemas alimentares"*. Food Security, 12, 695-717. https://doi.org/10.1007/s12571-020-01093- 7.

89 Agrilinks. (2023). *"A agricultura de precisão está a moldar o futuro da agricultura"*. https://agrilinks.org/post/precision-agriculture-shaping-future-farming.

90 Zhang, Q., & Wang, Y. (2019). *"Agricultura de precisão - uma visão geral mundial"*. Computadores e Eletrónica na Agricultura, 165, 104943. https://doi.Org/10.1016/j.compag.2019.104943.

91 Carter, M. R., Cheng, L., & Sarris, A. (2016). *"Onde e como o seguro de índice pode impulsionar a adoção de tecnologias agrícolas aprimoradas"*. Journal of Development Economics, 118, 59-71. https://doi.org/10.1016/j.jdeveco.2015.08.008.

92 Lipper, L., Thornton, P., Campbell, B. M., Baedeker, T., Braimoh, A., Bwalya, M., ... & Torquebiau, E. F. (2018). *"Agricultura inteligente para o clima para a segurança alimentar"*. Nature Climate Change, 4(12), 1068-1072.

https://doi.org/10.1038/nclimate2437.

93 FAO. (2019). *"O estado da segurança alimentar e nutricional no mundo 2019"*. Organização das Nações Unidas para a Alimentação e a Agricultura. http://www.fao.org/3/ca5162en/ca5162en.pdf.

94 Davis, K. E., Babu, S. C., & Ragasa, C. (2021). *"Extensão agrícola: Status global e desempenho em países selecionados"*. Instituto Internacional de Pesquisa em Política Alimentar. https://doi.org/10.2499/9780896293755.

95 Zilberman, D., Gordon, B., Hochman, G., & Wesseler, J. (2018). *"Economia do desenvolvimento sustentável e da bioeconomia"*. Applied Economic Perspectives and Policy, 40(1), 22-37. https://doi.org/10.1093/aepp/ppx051.

96 Wang F., Harindintwali J.-D., Wei K., et al., (2023). *"Alterações climáticas: Estratégias de mitigação e adaptação"*. The Innovation Geoscience 1(1), 100015. https://doi.org/10.59717/j.xinn-geo.2023.100015.

97 Mudalagiriyappa, e Thimmegowda, M. N. e Puneetha, K. M. e Vasanthi, B. G. e Latha, H. S. e Devaraja, K. e Madan Kumar, M. (2022)/ *"National Innovation in Climate Resilient Agriculture - A Case Study at Bangalore Rural District of Karnataka"*. International Journal of Environment and Climate Change, 12 (8). pp. 34-42. ISSN 2581-8627. http://research.manuscritpub.com/id/eprint/1767/.

98 Chateau, J., Dang, G., MacDonald, M., Spray, J., & Thube, S. (2023). *"A Frameworkfor Climate Change Mitigation in India"*. Fundo Monetário Internacional. file:///C:/Users/Lenovo/Downloads/wpiea2023218-print-pdf%20(1).pdf.

99 Departamento de Recursos Hídricos, Desenvolvimento Fluvial e Rejuvenescimento do Ganges, Índia. (2023). *"PradhanMantri Krishi Sinchayee Yojana"*. https://jalshakti- dowr.gov.in/pmksy-aibp/#:~:text=Pradhan%20Mantri%20Krishi%20Sinchayee%20Yojana%20(PMKS Y)%20was%20launched%20during%20the,sustainable%20water%20conservation %20practices%2C%20etc.

100 Jagtap, S., Soni, P., & Wankhade, S. (2017). *"Impacto do Pradhan Mantri Fasal Bima Yojana sobre os agricultores em Maharashtra"*. Indian Journal of Economics and Development, 13(2), 352-359. https://doi.org/10.5958/2322-0430.2017.00125.8.

101 ITC Índia. (2024). *"ITC e-Choupal - a maior intervenção baseada na*

Internet da Índia rural". https://www.itcportal.com/businesses/agri-business/e-choupal.aspx.

102 Mahawar, S. (2022). *"Lei Nacional de Garantia do Emprego Rural de Mahatma Gandhi, 2009"*. iPleaders. https://blog.ipleaders.in/mahatma-gandhi-national-rural-employment-guarantee-act-2009/.

103 Resolvido (2022). *"O programa de trabalho Foodfor foi renomeado"*. Testbook. https://testbook.com/question-answer/the-food-for-work-programme-was- renomeado--62c54e0b6b25f54692df14b0.

104 Rede Solidaridad. (2023). *"Agricultura de Baixo Carbono: A Forward-Looking Approach to Farming"*. https://www.solidaridadnetwork.org/news/low-carbon- agriculture-a-forward-looking-approach-to-farming/.

105 Iniciativa para a Política Climática IPC. (2024). *"Restauração Florestal no Brasil: Fatores Essenciais para a Promoção da Restauração em Escala"*. https://www.climatepolicyinitiative.org/publication/forest-restoration-in-brazil-essential-factors-for-promoting-restoration-at-scale/.

106 AIE. (2017). *"Programa de Eletrificação Luzpara Todos (Luz para Todos)"*.
Políticas, AIE. https://prod.iea.org/policies/4659-luz-para-todos-light-for-all-electrification-programme.

107 Daniel, F. Runde, Bandura, R. e McKeown, S. (2020). *"Desenvolvimento de infraestrutura na Amazônia"*. Centro de Estudos Estratégicos e Internacionais (CSIS). https://www.jstor.org/stable/resrep27030.8.

108 Política e Prática da Oxfam. (2023). "*Protegendo o Povo e a Floresta: Bolsa Verde, Brasil*". https://policy-practice.oxfam.org/resources/protecting-the-people-and-the-forest-bolsa-verde-brazil-621099/.

109 Centro de Impacto Público (CPI). (2019). *"Bolsa Família no Brasil"*. https://www.centreforpublicimpact.org/case-study/bolsa-familia-in-brazil.

110 Loyola, P., Rodrigues Moreira, R. Vilmar, & Da Veiga, P. Claudimar. (2016). *"Análise do Programa Brasileiro de Subvenções ao Prêmio do Seguro Rural: Evolução de 2005 a 2014"*. Ciência Aplicada Moderna 10(7):87-98. DOI :10.5539/mas.v10n7p87.

111 Comissão Europeia (CE). (2024). *"A política agrícola comum num ápice"*.

política agrícola comum. https://agriculture.ec.europa.eu/common- agricultural-policy/cap-overview/cap-glance_en.

112 Banco Mundial (2024). *climate-smart agriculture"*. https://www.worldbank.org/en/topic/climate-smart-agriculture.

113 Comissão Europeia (CE) (2024). *"Avaliação final do Horizonte 2020"*. Comissão Europeia, Investigação e Inovação. https://research-and-innovation.ec.europa.eu/knowledge-publications-tools-and-data/publications/all-publications/final-evaluation-horizon-2020 en.

114 Comissão Europeia. (2023). *"União Europeia: European Green Deal, EU Climate Law, andFitfor 55package"*. https://commission.europa.eu/strategy-and-policy/priorities-2019-2024/european-green-deal/delivering-european-green-deal/fit-55-delivering-
proposals
en#:~:text=Under%20the%20European%20Climate%20Law,fit%20to%20meet%20this%20target.

115 Jin, B. T. (2023). *"Um olhar mais atento sobre o progresso das zonas rurais da China Revitalização"*. AmCham China. https://www.amchamchina.org/a-closer-look-at-the-progress-of-chinas-rural-revitalization/.

116 Banco Mundial (2019). *"Belt and Road Economics: Opportunities and Risks of Transport Corridors"*. https://www.worldbank.org/en/topic/regional-integration/publication/belt-and-road-economics-opportunities-and-risks-of-transport-corridors.

117 Portal da Faixa e da Rota. (2019). *"The Belt and Road Initiative Progress, Contributions and Prospects"*. https://eng.yidaiyilu.gov.cn/p/86739.html.

118 O Governo do Japão - JapanGov -. (2021). *"A estratégia de crescimento verde do Japão vai acelerar a inovação"*. https://www.japan.go.jp/kizuna/2021/09/green growth strategy.html.

119 Sbai, A. (2024). *"Agricultura de precisão: A exatidão promove o sucesso"*. Infomineo. https://infomineo.com/agriculture/precision-agriculture-accuracy-promotes-success/.

120 Fórum Económico Mundial. (2024). *"5 maneiras como a edição de genes CRISPR está a moldar o futuro da alimentação e da saúde"*. https://www.weforum.org/agenda/2024/04/crispr-gene- editing-better-world/.

121 Ndudzo, A., Makuvise, A. S., Moyo, S., & Bobo, E. D. (2024). *"Edição do*

genoma CRISPR-Cas9 no melhoramento de culturas para resiliência às mudanças climáticas: Implicações para os pequenos agricultores em África". Journal of Agriculture and Food Research, 16, 101132. https://doi.org/10.1016/j.jafr.2024.101132

122 Departamento de Agricultura dos EUA, Agência de Gestão de Riscos (RMA). (2024). *"Federal Crop Insurance Corporation"*. https://www.rma.usda.gov/Federal-Crop- Insurance-Corporation.

123 Departamento de Agricultura dos EUA, Serviço de Alimentação e Nutrição. (2024). *"Programa de assistência nutricional suplementar (SNAP)".* https://www.fns.usda.gov/snap/supplemental-nutrition-assistance-program.

124 Agência de Proteção do Ambiente (EPA). (2021). *"Ações e iniciativas regulatórias sobre mudanças climáticas".* https://www.epa.gov/climate-change.

125 EPA DOS EUA. (2024). *"Acções e iniciativas regulamentares em matéria de alterações climáticas".* https://www.epa.gov/climate-change/climate-change-regulatory-actions-and-iniciativas.

126 NCA. (2023). *"Quinta Avaliação Nacional do Clima".* https://nca2023.globalchange.gov.

127 GOV.UK. (2023). *"Governo define programa de adaptação para fazer face ao impacto climático"*. https://www.gov.uk/government/news/government-sets-out- adaptation-programme-to-tackle-climate-impact.

128 Maraveas, C. (2023). *"Incorporação da tecnologia de inteligência artificial em estufas inteligentes: Estado atual da arte". Ciências Aplicadas, 13(1),* 14. https://doi.org/10.3390/app13010014.

129 Canada.ca. (2023). *"Financiamento da adaptação às alterações climáticas".* https://www.canada.ca/en/services/environment/weather/climatechange/fUnding.ht ml.

130 Governo australiano. (2023). *"Austrália: Plano Powering Australia, Fundo de Redução de Emissões e programa Climate Active".* https://www.dcceew.gov.au/energy/strategies-and-frameworks/powering-australia.

131 Banco Mundial. (2015). *"Seguro Popular: Cobertura de saúde para todos no México"*. https://www.worldbank.org/en/results/2015/02/26/health-coverage-

for-all-in-mexico#:~:text=Seguro%20Popular%20is%20a%20public,insurance%20and%20r educe%20health%20inequities.

132 Parker, S. W., Saenz, J., & Wong, R. (2018). *"Seguro de saúde e o envelhecimento: Evidências do Programa Seguro Popular no México"*. *Demografia, 55*(1), 361-386. https://doi.org/10.1007/s13524-017-0645-4

133 Ariadna Marfinez Gonz'alez, Zo "e Plakias, & Mark Partridge. (2017). *"O subsídio mexicano para terras agrícolas do PROCAMPO e sua eficácia como um programa rural anti-pobreza"*. Departamento de Economia Agrícola, Ambiental e do Desenvolvimento, Universidade Estadual de Ohio. https://www.aeaweb.org/content/file?id=5888.

134 Banco Mundial. (2021). *"Alimentando um motor de crescimento sustentável: Inovação agrícola no Peru"*. https://www.worldbank.org/en/news/feature/2021/11/04/fueling-an-engine-of-sustainable-growth-agricultural-innovation-in-peru.

135 Fundo Internacional para o Desenvolvimento Agrícola (FIDA) (2021). *"Programa de Agricultura Sustentável e Gestão dos Recursos Naturais"*. https://www.ifad.org/en/web/knowledge/publication/asset/41160774.

136 Centro Internacional de Investigação para o Desenvolvimento (IDRC) (2023). *"Agricultores quenianos defendem seguro de colheitas para resiliência climática"*". https://idrc-crdi.ca/en/research- in-action/kenyan-farmers-champion-crop-insurance-climate-resilience#:-:text=For%20an%20acre%20of%20landjnvestment%20paid%20to%20buy%20seed.

137 Banco Mundial. (2017). *"Quénia - Programa Nacional de Rede de Segurança para o Projeto de Resultados: financiamento adicional"*. https://documents.worldbank.org/en/publication/documents-reports/documentdetail/268021493431277322/kenya-national-safety-net-program- for-results-project-additional-financing.

138 Grupo de Consultoria GFA. (2023). *"Centro de inovação verde e digital na Semana de Inovação do Quênia"*. (2023). https://www.gfa-group.de/news/GREEN AND DIGITAL INNOVATION HUB 4045073.html.

139 Baumüller, H. (2015). *"Inovação agrícola e prestação de serviços através de telemóveis: Análises no Quénia"*. Dissertação de doutoramento. https://www.researchgate.net/publication/299347924 Inovação agrícola e prestação de serviços através de análises de telemóveis no Quénia.

140 Cartografia climática para a resiliência e a adaptação (CMRA) (2023). *"Implementação da Política de Resiliência Climática"*. https://resilience.climate.gov/pages/policy.

Sobre o autor:

O Dr. Khaled El-Sayed Hassan é um consultor internacional e especialista em demografia, economia e análise estatística. Tem o grau de Doutor em Filosofia em Economia pela Academia Sadat de Ciências Administrativas, Egito (2003), e o grau de Mestre em Filosofia em Demografia pelo Centro Demográfico do Cairo, Cairo (1996). Atualmente, é vice-presidente da Sociedade Egípcia de Estudos Migratórios (EGYMIG) e consultor de muitas organizações internacionais e nacionais. Anteriormente, trabalhou como consultor demográfico para o Programa de Desenvolvimento das Nações Unidas no Kuwait, professor convidado de demografia e economia no Centro Demográfico do Cairo e estatístico na Unidade de Investigação Médica 3 da Marinha dos EUA (NAMRU3), no Cairo, Egito. Tem muitas publicações (livros, estudos e artigos) nos domínios da população, estudos sobre a força de trabalho, migração e alterações climáticas, que foram publicados por muitas agências editoriais, organizações, periódicos e conferências científicas internacionais.

Informações de contacto:
E. mail: kehassan@gmail.com
Tel: (+2) 01225689100

Livros de autor

- "Alterações climáticas globais e direitos humanos". Publicado por LAP LAMBERT Academic Publishing GmbH & Co., Alemanha, (ISBN 978-620-7-64682-1), 2024. https://www.amazon.de/Global-Climate-Change-Human-Rights/dp/6207646827. (Em inglês).

- "Mudanças climáticas globais e direitos humanos". Publicado por Academia.com, Fev. 2024. `https://www.academia.edu/114798226.` (Em língua árabe).

- "Alterações climáticas e os objectivos globais de desenvolvimento sustentável". Publicado por LAP LAMBERT Academic Publishing GmbH & Co., Alemanha, (ISBN 978-6204- 97756-0), junho de 2022. https://www.morebooks.shop/bookprice offer f57136b04de1fa615c1cde139d0db2 1e82ca66c2?locale=gb&currency=EUR . (Em inglês).

- "Alterações climáticas e os objectivos globais de desenvolvimento sustentável". Publicado por JEZERT Al-Ward Publishing, Cairo, Egito. (ISBN 978-977-834-447-4), junho de 2021. (Em língua árabe).

- "Age- Structure Transition in The Arab Region" (Transição da estrutura etária na região árabe). Publicado por LAP LAMBERT Academic Publishing GmbH & Co., Alemanha, (ISBN 978-3-659-90281-9), junho de 2016. https://www.morebooks.de/store/gb/book/the-age%E2%80%90structural-transitions-in-the-arab-region/isbn/978-3-659-90281-9. (Em inglês).

- "Estudos sobre Migração Laboral: Médio Oriente e Norte de África". Publicado por LAP LAMBERT Academic Publishing GmbH & Co., Alemanha, (ISBN 978-3-84654487-7), 2011. http://www.amazon.com/Studies-Labor-Migration-Middle-Africa/dp/3846544876/ref=sr 1 25?s=books&ie=UTF8&qid=1330596409&sr=1- 25. (Em inglês).

- "Structure and Dimensions of the Egyptian Labor Force" [Estrutura e dimensões da força de trabalho egípcia]. Publicado por LAP LAMBERT Academic Publishing GmbH & Co., Alemanha, (ISBN 978-3-84652087-1), 2011. http://www.amazon.com/Structure-Dimensions-Egyptian-Labor-Force/dp/384652087X/ref=sr 1 6?s=books&ie=UTF8&qid=1330596550&sr=1-6. (Em inglês).

MIX
Papier aus verantwortungsvollen Quellen
Paper from responsible sources
FSC® C105338
FSC
www.fsc.org

Printed by Books on Demand GmbH, Norderstedt / Germany